长江流域建制镇污水收集处理现状调研及对策分析

中国市政工程中南设计研究总院有限公司　组织编写
吴瑜红　尤鑫　李卿　王怡帆　著

化学工业出版社
·北京·

内容简介

本书基于作者团队的调研报告而成。全书对长江经济带典型建制镇污水收集处理设施的规划、设计、建设、运维和管理现状进行了分析，剖析了长江经济带建制镇污水收集处理设施存在的共性问题及原因，总结了建制镇污水的建设模式、运维模式、技术工艺及管理机制。在总结借鉴的基础上提出“十四五”期间建制镇和农村污水治理工作对策措施，以切实改善建制镇人居环境，促进建制镇污水治理设施持续有效运行，提高设施（设备）运营维护管理水平，确保建制镇生活污水处理设施安全、稳定、高效运行，出水达标排放，污泥妥善处置。

本书可供有污水处理需求的企业及相关部门管理人员参考。

图书在版编目（CIP）数据

长江流域建制镇污水收集处理现状调研及对策分析/中国市政工程中南设计研究总院有限公司组织编写；吴瑜红等著. —北京：化学工业出版社，2023.9

ISBN 978-7-122-43702-0

Ⅰ. ①长… Ⅱ. ①中… ②吴… Ⅲ. ①长江流域-城市污水处理-研究 Ⅳ. ①X703

中国国家版本馆 CIP 数据核字（2023）第 117653 号

责任编辑：韩霄翠　仇志刚

责任校对：李露洁

装帧设计：王晓宇

出版发行：化学工业出版社

（北京市东城区青年湖南街 13 号　邮政编码 100011）

印　　装：北京建宏印刷有限公司

710mm×1000mm　1/16　印张 11¼　字数 181 千字

2023 年 8 月北京第 1 版第 1 次印刷

购书咨询：010-64518888

售后服务：010-64518899

网　　址：http://www.cip.com.cn

凡购买本书，如有缺损质量问题，本社销售中心负责调换。

定　　价：98.00 元

前言
PREFACE

党的十九届五中全会通过的《中共中央关于制定国民经济和社会发展第十四个五年规划和二〇三五年远景目标的建议》（简称《"十四五"规划纲要》）提出，要持续改善环境质量。建制镇污水处理设施建设是城镇基础设施建设的重中之重，对于环境质量的改善具有重要意义。近年来，我国正不断完善建制镇基础设施建设，补齐城镇环境基础设施短板，加快推进建制镇污水处理厂建设和相应的污水配套系统完善。

当前，我国城镇化水平持续快速提高，根据住房和城乡建设部（以下简称"住建部"）2020年城乡建设统计年鉴（https://www.mohurd.gov.cn/gongkai/fdzdgknr/sjfb/tjxx/jstjnj/index.html），全国现有建制镇总数18822个，建成区常住人口共18433万人，约占全国城镇人口的20.3%，已经成为全国城镇化发展的重要力量。《"十四五"城镇污水处理及资源化利用发展规划》对建制镇污水处理水平提出要求：到2025年，实现城镇污水处理能力全覆盖，长江经济带、黄河流域、京津冀地区建制镇污水收集处理能力、污泥无害化处置水平明显提升。因此，加快补齐污水处理短板，提升建制镇污水处理能力迫在眉睫。

长江流域在我国生态安全和社会主义现代化建设全局中具有举足轻重的战略地位，推动长江经济带高质量发展是党中央作出的重大决策，是关系国家发展全局的重大发展战略。污水处理是推动长江经济带生态优先、绿色发展的重要举措。2018年，国家发改委印发了《关于加快推进长江经济带农业面源污染治理的指导意见》，提出到2020年底，长江经济带所有建制镇具备污水收集处理能力，基本实现干支流沿线城镇污水全收集全处理。

近年来，长江经济带建制镇污水处理设施建设和运营取得了阶段性的成效，污水处理设施覆盖率、建设规模、污水收集率、污水处理率、达标排放率等均取得了较大增长，但仍存在区域发展不平衡、项目实施机制不完善、监督考评体系不健全等问题，需进一步探索与实践。为贯彻落实党的十九届五中全会精神及《"十四五"规划纲要》有关要求，中国市政工程中南设计研究总院有限公司科研团队于2020年初至2021年末对长江经济带典型建制镇污水设施项目设计、科研成果和工程案例整理提炼、跟踪评估，并对部分建制镇污水设施实际运行情况进行实地调研及座谈，科学总结经验、研判现存问题，在此基础上形成了本书。因此，书中很多表述都是基于当时（2021年）的情况。

本书对长江经济带典型建制镇污水收集处理设施的规划、设计、建设、运维和管理现状进行了分析，剖析了长江经济带建制镇污水收集处理设施存在的共性问题及原因，总结了建制镇污水的建设模式、运维模式、技术工艺及管理机制。在总结借鉴的基础上提出"十四五"期间建制镇和农村污水治理工作对策措施，以切实改善建制镇人居环境，促进建制镇污水治理设施持续有效运行，提高设施（设备）运营维护管理水平，确保建制镇生活污水处理设施安全、稳定、高效运行，出水达标排放，污泥妥善处置。

基础调研工作得到了住建部村镇司小城镇建设处苗喜梅处长、湖北省住建厅村镇处禹滋柏处长和一级主任科员周旭的大力支持和帮助；湖北省、江苏省、江西省、四川省、贵州省、云南省、湖南省住建厅（村镇处）及部分污水厂提供了翔实的资料；调研报告得到北控水务集团杭世珺顾问总工、中国人民大学王洪臣教授、清华大学汪诚文教授、上海交通大学王欣泽教授、北京林业大学张立秋教授、东南大学朱光灿教授、中国城市规划设计研究院水务院刘广奇副院长等专家学者的悉心指导；中国市政中南院副院长、总工程师李国洪对科研团队的工作开展和本书的编写给予具体指导并审阅书稿，提出许多宝贵意见，在此一并表示真挚的感谢。

限于作者水平，书中难免有疏漏和不足之处，敬请有关专家和广大读者批评指正。

著者

2023年7月

目录
CONTENTS

第1章 绪论

1.1 建制镇定义

民政部区划地名司浦善新在“中国建制镇的形成发展与展望”中对建制镇的定义为：建制镇即镇，是指国家根据一定的标准，经有关地方国家行政机关批准设置的一种基层行政区域单位。

最新的民政部2000年设镇标准如表1.1所示。

表1.1 民政部设镇标准

人口密度/(人/km^2)	50以下	50～150之间	150～350之间	350以上
总人口	1万人以上	1.5万人以上	2万人以上	3万人以上
财政收入	200万元以上	250万元以上	300万元以上	400万元以上
工农业总产值	1亿元以上	1.2亿元以上	2亿元以上	3亿元以上
驻地常住人口	总人口30%以上			
二、三产业在GDP中比重	50%以上			

注：特殊地方设镇问题：县级人民政府驻地及小型矿区、小港口、风景旅游点、边境口岸、大型集市贸易场所等所在乡设立建制镇，标准可以适当放宽。但政府驻地常住户口人口应在3000人以上，财政收入在200万元以上，工农业总产值在1亿元以上，二、三产业产值在国内生产总值（GDP）中的比重达到50%以上。

新设镇要具备较为完善的公共基础和社会服务设施（包括道路建设、给排水、园林绿化、交通、邮电、通信、教育、文化、科技、医疗卫生、体育和社会福利等），有较好的污水处理和无害化设施，符合城镇空间布局要求，已编制和实施村镇建设规划和土地利用总体规划，城镇建设用地要严格执行土地管理的有关规定，不得乱占耕地。

1.2 长江经济带建制镇污水处理

1.2.1 长江经济带地域区位概况

我国幅员辽阔，南北方建制镇差异较大，而长江经济带横跨中国东中西三大区域，覆盖上海、江苏、浙江、安徽、江西、湖北、湖南、重庆、四川、云南、贵州 11 个省市，贯穿我国东中西，拥有成渝城市群、长江中游城市群及长三角城市群，是具有全球影响力的内河经济带、东中西互动合作的协调发展带。

作为国家三大战略之一的“长江经济带”，肩负我国生态保护、区域平衡发展、产业升级转型、区域合作等重要任务，是影响我国经济命脉的战略区域。据国家统计局资料，长江经济带上的城市，用全国 21.5%面积的土地，养活了全国 42.9%的人口，贡献了全国 46.5%的 GDP。

从图 1.1 可以看出，长江经济带城镇和农村人均可支配收入均高于全国平均水平。

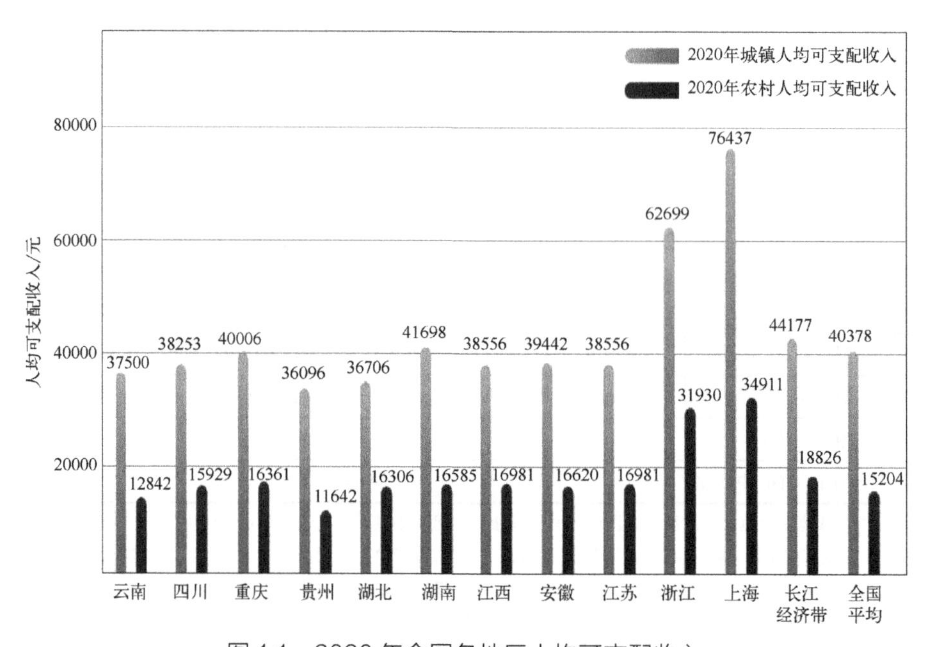

图 1.1　2020 年全国各地区人均可支配收入

数据来源：各省、自治区、直辖市 2020 年国民经济和社会发展统计公报、2021 年中国统计年鉴从图 1.2 可以看出，2020 年中国城市 GDP 十强中，长江经济带占据 7 个，分别是上海、重庆、苏州、成都、杭州、武汉和南京。相比而言，京津冀协同区仅有北京一个，粤港澳大湾区仅有广州、深圳两个。

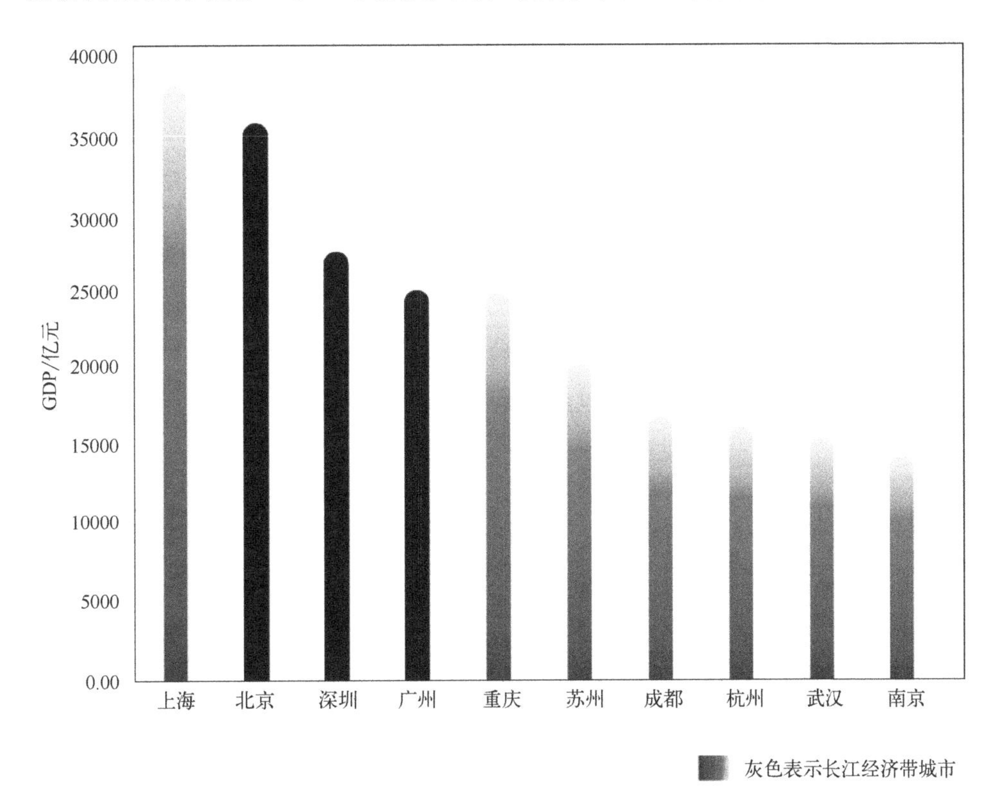

图 1.2　2020 年中国城市 GDP 十强

数据来源：各地市统计局

可以看出，长江经济带是名副其实的中国经济“半壁江山”，是中国经济的命脉。污水处理是推动长江经济带生态优先、绿色发展的重要举措，研究长江经济带建制镇污水收集处理对推动长江经济带绿色发展是非常有必要的。

1.2.2　长江经济带地域区位性特点

建制镇的发展受地理区位、交通、资源、经济发展水平等多种因素影响，这些因素对各个建制镇的影响程度不同，它们的影响叠加共同决定了不同建制镇发展的条件优劣差异。长江经济带横贯我国东中西，各地自然地理条件各异，经济发展水平不平衡，具有很大的地域性特点。同时，同一地域，处于不同区位或处于全国总体格局中不同地位的建制镇，如处于大中城市周边的建制镇与远离城市相对偏僻且较孤立的建制镇，其发展也不同。因此建制镇的发展还具有区位性。建制镇发展的这种地域区位性特点主要体现在以下几个方面：

（1）从大的地域来看，长江经济带东部地区经济相对发达，基础设施建设及发展相对完善，东西部地区建制镇发展存在很大的非均衡性。

东部是我国经济最发达，发展最迅速的地区，其建制镇的数量增长最快，分布密度也最大，沿海的一些建制镇发展水平已接近中小城市。而西部地区城镇化进程缓慢，人少地广，建制镇分布密度小，数量少，规模相对也小。

新中国成立以来建制镇的分布密度，总是东部高于中部，中部又高于西部；总是东部、中部建制镇的分布密度都比全国平均分布密度高，而西部建制镇的分布密度又总是比全国平均分布密度低。

（2）从同一地域的不同区位或其处于全国总体格局中不同地位来看，市辖或市辖以上建制镇发展迅速，经济发展以及基础设施建设、发展相对要快要完善。

（3）从同一地域的不同区位来看，大城市周围及城市群地区建制镇分布密度高，经济发展相对较发达，基础设施建设及发展等相对完善。

建制镇发展受周边城市区域系统的资源、环境等条件的影响，大城市周围及城市群地域建制镇，由于处于优越的经济地理区位，拥有中心城市辐射的现金要素资源，这些建制镇发展较快，建制镇的分布密度比市域内建制镇的平均分布密度高，且经济发展相对较发达，基础设施建设及发展等相对要快和完善。

1.2.3 长江经济带典型地域分区

建制镇污水收集处理的发展与建制镇所在地的经济条件、自然条件、水资源条件等有着密切关系。长江经济带上建制镇众多，建制镇具有明显的地域和区位性特点。不同地域的建制镇，在经济发展水平、地形地貌、自然条件、水资源条件等方面各异，即便是处于同一地域或同一经济发展水平地区的建制镇与建制镇之间也会因区位的不同存在差异。调研组根据长江经济带情况和地域主流特点，选定地域划分基本原则，将长江经济带划分为不同的典型地域，再选择典型地域的典型建制镇进行污水收集处理情况调研。

1.2.3.1 区域划分原则

研究了解长江经济带建制镇污水收集处理现状，进行长江经济带建制镇污水收集处理调研，应在充分了解长江经济带上各省市经济发展水平的基础上，结合各地行政区划，充分考虑地理环境因素、自然条件以及已建污水收集处理系统的模式、运行、管理等，分地域进行，力求在划分的同一区域内其经济发展、水资源条件等主流要素能够处于相似水平，使分区具有较强的科学性和可操作性。本书基于以下基本原则和地势与长江的基本走向，将长江经济带划分为三个区：一区、二区和三区。

（1）同一区内不同地域的经济发展水平、社会发展水平其主流应基本一致。

（2）同一区内不同地域的建制镇发展水平、建制镇污水收集处理状况等应基本一致。

（3）适当考虑已有行政区划。

长江上游（一区），主要指我国长江经济带的西部地区，具体包括四川、重庆、贵州、云南 3 省 1 市；长江中游（二区）主要指我国长江经济带的华中地区，具体包括江西、湖北及湖南 3 省；长江下游（三区）指我国长江经济带东部沿海的长江三角洲地区，具体包括江苏、浙江、安徽及上海 3 省 1 市。

1.2.3.2 长江上游（一区）

长江上游（一区）为长江经济带的西部地区，该地区位于我国地势的第一、二级阶梯上，自然地理环境复杂多样，气候条件差异显著，地质条件多变，地貌类型多样，地形以高原、山地和盆地为主，可分为高原寒冷区、西南丘陵地区、平原（盆地）地区。高原寒冷区包括四川省西南部、云南省的西部等地区，具有海拔高、温差大、年均气温低等特点；西南丘陵地区主要包括重庆、贵州及四川的部分地区，具有四季分明、气候温和、冬无严寒、夏多炎热、雨量充沛的特点，但多山地和丘陵，地形高差大，地势起伏较大，用地条件差，水土流失严重；平原（盆地）地区主要指成都平原，该地区地形平坦、人口密集、经济相对发达，交通条件相对便利。

西部地区自然条件恶劣，生态环境脆弱，且交通不便，总体上经济发展相对落后，社会发展水平较低，属于我国经济欠发达地区。由于经济发展水平落后，融资水平不高，地方财力有限，主要依靠中央财政支持，各种基础设施投入力度不足，再加上自然条件恶劣，建设难度大等原因，建制镇基础设施相对落后。该区农业人口比例较大，城镇化水平较低，建制镇发展滞后，数量较少，空间分布分散、规模小、经济实力弱，对区域经济的辐射能力和带动力弱。正是因为该区城镇规模密度小，使区域污水收集处理等基础设施的建设及运营具有一定的困难，难以实现环境基础设施的规模效应。西南地区降雨丰沛，水资源丰富，但西南地区水资源分布与集中用水的地区不匹配。

综上，长江上游（一区）的特点是地形地貌复杂，区位优势差，经济整体处于欠发达水平，城镇化率偏低。

1.2.3.3 长江中游（二区）

长江中游（二区）主要包括湖北、湖南及江西，总的来说自然条件较好、水陆交通也方便，但改革开放相对较迟、经济起步相对较晚，相对东部沿海地区来说，经济处于中等发达水平，城镇化总体水平偏低。二区区域所在中心城市的集聚辐射功能相对较弱，再加之经济的影响，所以二区的建制镇发展水平相对要低，规模普遍偏小，多以农业或旅游为主，工业发展没有东部沿海地区建制镇工业发达，产业优势没有建立起来，建制镇的基础设施建设和发展相对不完善和健全，只有部分经济相对发达地区的城郊型建制镇发展要好些。

二区处于南北气候过渡地带，大部分地区气候温暖，雨量充沛，名山大川多，江河湖库星罗棋布，具有得天独厚的水资源条件，水资源丰富。但随着中部地区经济的崛起和发展，以及人口规模的扩大等，水污染问题已越来越突出。

1.2.3.4 长江下游（三区）

长江下游（三区）所处我国东部，地理位置优越，自然条件好，气候温暖湿润，地形总的来说以平原居多，也有一定的丘陵、山地和盆地，其中江苏省地形以平原为主，地势低平，河湖众多。浙江地形复杂，西南以山地为主，中部以丘陵为主，东北部是低平的冲积平原，山地和丘陵占 70.4%，平原和盆地占23.2%，河流和湖泊占6.4%。上海除少数残丘外，基本上为坦荡的平原，平原水网稠密。

三区优越条件为其经济发展和社会发展奠定了基础，长江三角洲是中国经济总量规模较大、高新产业发展聚集的经济板块，是中国经济最发达的地区，已经形成了具有较大规模和经济实力的完整城市群，如以上海、南京、杭州、宁波为核心的长江三角洲城市群。三区是我国的经济发达地区，交通发达便利，地理位置优越，降雨量相对较大。三区发达的经济条件和特定的地域优越条件为其建制镇的兴起、发展以及壮大奠定了基础。三区可以说是我国城镇化率最高的地区，建制镇数量多、规模大、发展快，工业经济发达，居民经济收入高。区域内建制镇的环境基础设施无论在建设和运行，还是政策的制定与执行，都在很大程度上受到邻近大城市或组团式城市群的影响，建制镇的基础设施建设颇具规模，有的甚至接近邻近城市水平。建制镇已成为区域发展中的一个重要组成部分和新的增长点，并成为当地城市化率提高的主要动力。

1.2.4 调研对象的选取

1.2.4.1 调研省份的选择

按照该规划布局，分别从水系上游（一区）、中游（二区）、下游（三区），结合各省份在国内经济板块的地位、经济发展状况、地质及气候条件、建制镇污水收集处理现状等因素，挑选具有代表性的省份。

四川、贵州、云南位于长江经济带上游（一区），其中，四川属于成渝城市群，是长江和黄河两大水系的重要流经地，其建制镇数量和建制镇污水厂数量全国最多，而在生态环境保护方面，四川仍面临问题和挑战。此前，中央生态环保督察组向四川省反馈“回头看”及专项督察情况，指出了环境基础设施建设管理不到位、农业农村污染依然严重、黑臭水体整治力度不够等问题。贵州和云南经济发展和污水收集处理能力较为落后；长江经济带各省市中，云南污水厂数量最少，污水处理装置处理能力最低，排水管网长度最短。

江西、湖北两省位于长江经济带中游（二区），同属于以武汉为中心的长江中游城市群，地质及气候条件相似，在我国区域发展格局中占有重要地位。

湖北省在“十三五”期间共建成乡镇生活污水治理项目897个，其中新（改、扩）建污水处理厂828座，新增处理能力114万吨/天，新建主支管网总长10260km，污水厂与主支管网已全部建成投入运行，全省建制乡镇生活污水处理设施实现全覆盖，其建制镇2019年排水管网新增最多。江西省先后于2015年、2016年启动了120个百强中心镇和鄱阳湖沿线20个试点镇污水处理设施建设运行工作，以点带面推动全省建制镇生活污水处理设施建设。2021年，江西省共496个建制镇建成生活污水处理设施，覆盖率68.6%，部分乡镇污水处理能力仍较为薄弱。

江苏省位于长江经济带下游（三区），属于长江三角洲城市群，河网密布，经济实力上属于我国综合发展水平较高的省份。其建制镇建成区面积最大、建成区人口最多，污水处理装置处理能力为长江经济带最高，排水管网总长度为全国最长，已有多年的建设、运维管理经验，对其他省建制镇污水的发展具有借鉴意义。

综上所述，选取江苏、江西、湖北、四川、贵州、云南六个省的典型建制镇展开调研工作。

1.2.4.2 调研建制镇的选择

长江经济带各地自然条件、经济发展水平差异很大，建制镇污水处理工程项目的建设与运营需要与当地技术经济状况相匹配，污水收集模式、污水处理工艺选择与地形地貌、水环境容量等息息相关。为增强调研的科学性，提高成果的针对性，兼顾进度要求，调研过程根据不同省份建制镇经济发展、水资源、空间位置、污水收集处理能力、建管模式与工艺类型等方面的特点，并通过与各省厅相关同志共同商议确定典型建制镇。

1.3 长江经济带建制镇污水厂规模

污水厂规模计算如下所示：

污水厂规模=人均日生活用水量×常住人口数×污水折污系数×污水收集率×（1+地下水入渗系数）

根据住建部2020年城乡建设统计年鉴，长江经济带沿线11省市人均日生活用水量如表1.2所示。

表1.2 长江经济带沿线11省市人均日生活用水量

省市	人均日生活用水量/L
上海	127.47
江苏	99.45
浙江	119.15
安徽	109.43
江西	101.50
湖北	117.20
湖南	108.56
重庆	90.88
四川	92.40
贵州	98.97
云南	99.48

注：数据来源于住建部2020年城乡建设统计年鉴。

从表1.1和表1.2可以看出：①长江经济带沿线11省市人均日生活用水量在90.88～127.47L；②污水厂规模与建制镇人口数息息相关，据表1.1可知，民政部门规定建制镇总人口一般为1万人以上、常住人口在3000人以上；③污水折污系数应根据当地采用的用水定额，结合建筑内部排水设施水平确定，可按当地用水定额的90%采用；④污水收集率与管网建设息息相关，一般采用0.80～0.95；⑤长江沿线地下水比较高，考虑10%～15%的地下水入渗。综上可以得到建制镇污水厂规模多在200m^3/d以上。

表1.3给出了长江经济带的典型省份建制镇污水厂规模调研结果。

表1.3 长江经济带典型省份建制镇污水厂主要规模区间

省	建制镇污水厂主要规模区间/(m^3/d)	备注
四川	100～5000	详见第2章2.1.3.1
贵州	200～5000	
云南	200～1000	
江西	200～500	详见第3章3.1.2.1

续表

省	建制镇污水厂主要规模区间/（m^3/d）	备注
湖北	500～5000	详见第3章3.1.2.1
江苏	1000～5000	苏北地区，详见第4章4.1.2.1

考虑到建制镇污水厂规模小于200m^3/d时采用一体化设备较多，而针对大规模污水厂（如江苏苏南地区），其设计、管理、运营等与城市污水厂相同，故为更有针对性地对长江经济带建制镇污水收集处理系统提出可行性建议，调研主要聚焦于设计规模在200～5000m^3/d的长江经济带建制镇污水处理系统。

第2章

长江上游（一区）建制镇污水收集处理调研

2.1 污水处理现状与特点

一区典型省份云南、贵州、四川三省位于长江经济带上游，其中，四川属于成渝城市群，是长江和黄河两大水系的重要流经地，其建制镇数量和建制镇污水厂数量为全国最多。整体来看，一区经济发展和污水收集处理能力较为落后。

2.1.1 建制镇污水概况

2.1.1.1 污水处理设施概况

（1）云南省建制镇污水处理概况

截至目前，云南省共有 591 个建制镇，建成区面积为 7.89 万公顷，建成区户籍人口 380.90 万人，建成区常住人口 392.51 万人。有 422 个建制镇镇区生活污水得到治理或简易治理，占比 71.40%，具体情况见表 2.1。累计建成污水处理厂（站、一体化设施）281 个，建成生态湿地 42 个，建成氧化塘数量 200 个，总处理能力 14.53 万立方米/天。其中，有 45 个建制镇采取与城市共享，收集的污水送往城市污水处理厂处理，248 个建制镇建有污水处理厂（站），合计占49.58%。有129个建制镇通过自建简易生态湿地或氧化塘，对镇区生活污水进行了简易治理，合计占比21.83%。

表2.1 云南省建制镇污水处理情况表

序号	州市	建制镇数量/个	生活污水得到治理的乡镇数/个	覆盖比例	建有污水厂（站）设施乡镇数/个	共建共享的乡镇数/个	建有污水厂（站）设施与共建共享乡镇合计比例	建有生态湿地和氧化塘处理的乡镇数/个	建有生态湿地和氧化塘处理的乡镇比例
1	保山市	29	23	79.31%	18	2	68.97%	3	10.34%
2	楚雄彝族自治州	55	41	74.55%	28	1	52.73%	12	21.82%
3	大理白族自治州	58	27	46.55%	11	11	37.93%	5	8.62%
4	德宏傣族景颇族自治州	18	16	88.89%	11	0	61.11%	5	27.78%
5	迪庆藏族自治州	6	4	66.67%	4	0	66.67%	0	0.00%
6	红河哈尼族彝族自治州	53	31	58.49%	20	4	45.28%	7	13.21%
7	昆明市	44	44	100.00%	18	6	54.55%	20	45.45%
8	丽江市	22	17	77.27%	13	4	77.27%	0	0.00%
9	临沧市	25	20	80.00%	18	0	72.00%	2	8.00%
10	怒江傈僳族自治州	9	0	0.00%	0	0	0.00%	0	0.00%
11	普洱市	54	35	64.81%	3	5	14.81%	27	50.00%
12	曲靖市	51	48	94.12%	43	0	84.31%	5	9.80%
13	文山壮族苗族自治州	35	18	51.43%	5	2	20.00%	11	31.43%
14	西双版纳傣族自治州	17	16	94.12%	1	1	11.76%	14	82.35%
15	玉溪市	24	23	95.83%	12	4	66.67%	7	29.17%
16	昭通市	91	59	64.84%	43	5	52.75%	11	12.09%
全省合计		591	422	71.40%	248	45	49.58%	129	21.83%

注：数据来源于云南省住建厅。

（2）贵州省建制镇污水处理概况

2019年国家长江流域渔政监督管理办公室《关于加快推进长江经济带城镇污水垃圾处理的指导意见》，要求“到2020年底，长江经济带所有建制镇具备污水收集处理能力，基本实现干支流沿线城镇污水全收集全处理”。贵州省委省政府对此高度重视，出台了《贵州省城镇污水处理设施建设三年行动方案（2018—2020年）》（黔府办发〔2018〕27号），要求到2020年全省建制镇生活污水处理设施全覆盖。

截至2020年底，贵州省共有833个建制镇，其中44个建制镇纳入城市或区域污水处理厂管理，有787个建制镇新建污水处理设施，另有松桃县甘龙镇和黎平县地坪镇因处于地灾区和淹没区，暂缓项目实施。全省建制镇污水处理厂建设总规模83.461万吨/天，其运行状况为：711个镇正常运行，76个镇尚在调试阶段。

（3）四川省建制镇污水处理概况

自《四川省城镇生活污水和城乡生活垃圾处理设施建设三年推进总体方案（2021—2023年）》实施以来，四川省建制镇污水收集处理取得了重大进展，据四川省住建厅提供的资料显示，截至2020年底，四川省共有建制镇2016个，建制镇建成区面积24.17万公顷，建成区常住人口1143.22万人，已建成生活污水处理设施1807座，建设处理总规模为169万吨/天，建成管网1.27万公里。已建的建制镇乡镇生活污水处理设施中，有1778个已投入运行使用、29个未投入运行使用，设施覆盖率为87.8%。其中，三州（凉山彝族自治州、阿坝藏族羌族自治州、甘孜藏族自治州）建制镇覆盖率仅为44.8%，低于全省平均水平。

综上所述，尽管长江上游（一区）建制镇污水的收集处理近年来取得积极进展，但由于基础薄弱、历史欠账多等问题，整体发展较为缓慢，污水处理能力整体较低（见表2.2、图2.1），尽管建制镇建成了污水处理设施，但部分污水处理设施处于“晒太阳”状态或者建制镇污水处理厂不能正常运行，处于“吃不饱”状态，不能充分发挥设施的环保效益。

表2.2 长江上游建制镇污水处理能力、设施覆盖率及运行率情况表

省份	污水处理能力/（万立方米/天）	污水处理设施覆盖率/%	污水处理设施运行率/%
云南省	14.53	71.40	33.30
贵州省	83.46	99.76	85.68
四川省	169.00	87.80	98.40

注：数据来源于住建部2020年城乡建设统计年鉴。

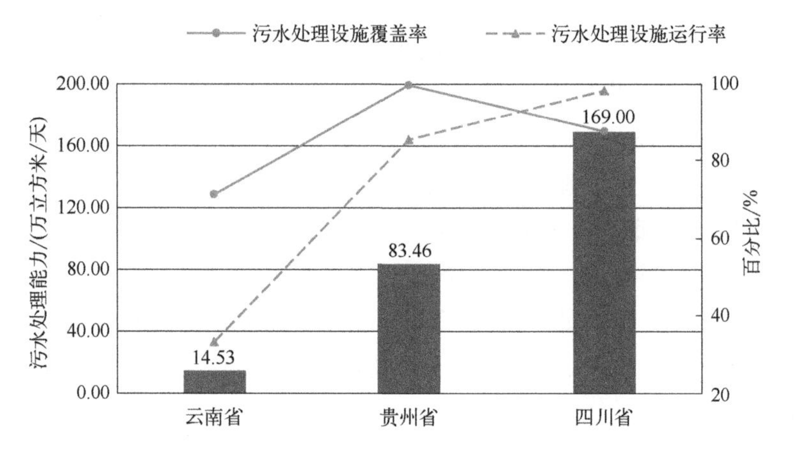

图 2.1　长江上游建制镇污水处理能力、设施覆盖率及运行率情况

数据来源：住建部 2020 年城乡建设统计年鉴

2.1.1.2　污水收集管网概况

长江上游调研省份污水管网长度及管网密度如图 2.2 和表 2.3 所示。云南、贵州、四川省污水管网长度分别约 3597.53km、6801.05km、12700km，管网建设不完善，存在“重厂轻网”“重干管轻支管”的现象，管网密度整体较低，分别为 4.56km/km^2、4.85km/km^2、5.25km/km^2。

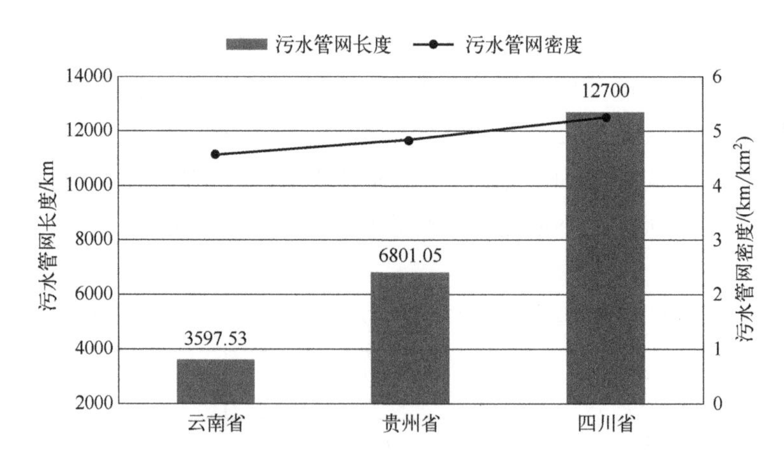

图 2.2　长江上游建制镇污水管网长度与管网密度情况

数据来源：住建部 2020 年城乡建设统计年鉴

表2.3　长江上游建制镇污水管网长度与管网密度情况表

省份	污水管网长度/km	污水管网密度/（km/km^2）
云南省	3597.53	4.56
贵州省	6801.05	4.85
四川省	12700	5.25

注：数据来源于住建部2020年城乡建设统计年鉴。

2.1.2　污水规划

从省级层面看，为进一步加快建制镇生活污水处理设施建设，提升污水处理能力，《云南省城镇污水提质增效专项规划（2020—2025）》正在编制中。“十三五”期间，贵州省印发了《贵州省城市市政基础设施建设“十三五”规划》《贵州省“十三五”城镇污水处理及再生利用设施建设规划》《贵州省城镇污水处理设施建设三年行动方案（2018—2020年）》等相关文件，提出到2020年底，全省城镇生活污水处理设施实现全覆盖，建制镇生活污水处理率达50%。为进一步实现“十四五”规划目标，《贵州省“十四五”城镇生活污水处理及资源化利用设施建设规划》正在编制中。为补齐建制镇污水提标改造、管网配套、运行维护等方面的短板，四川省印发了《四川省城镇生活污水和城乡生活垃圾处理设施建设三年推进总体方案（2021—2023年）》，提出到2023年底，要全面提高城镇生活污水收集、处理能力，所有建制镇应具备污水处理能力。《四川省“十四五”村镇建设发展规划》也即将印发。

从建制镇层面看，截至2020年，云南、贵州、四川省分别有95.27%、94.05%、82.45%的建制镇完成总体规划的编制，而针对污水方面的专项规划较少。

2.1.3　设计阶段

在设计阶段，主要涉及五方面内容：污水厂规模、设计水质、处理工艺、污泥及管网。

2.1.3.1　污水厂规模

（1）规模区间分析

调研的建制镇设计规模如图2.3和表2.4所示。根据省厅统计数据，云南省建制镇污水处理规模集中在200～1000m^3/d，以中小规模污水厂为主。

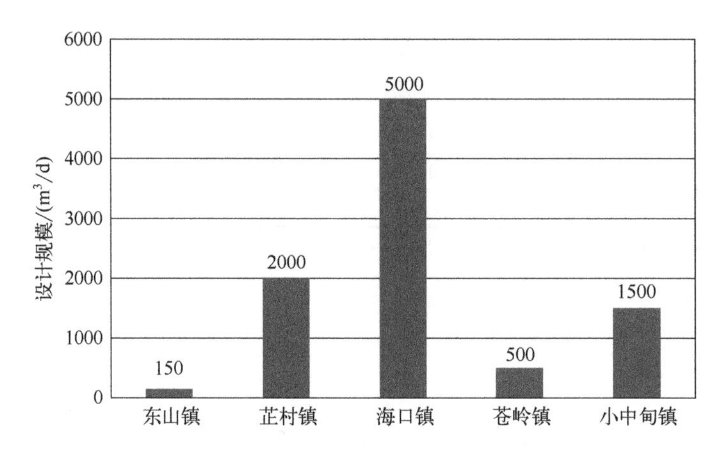

图 2.3 云南省调研建制镇污水厂设计规模情况

表 2.4 云南省调研建制镇污水厂设计规模情况表

建制镇名称	设计规模/（m^3/d）
东山镇	150
芷村镇	2000
海口镇	5000
苍岭镇	500
小中甸镇	1500

根据住建部对贵州省建制镇污水处理情况的调研统计，截止到 2020 年底，贵州省 787 个已建建制镇污水项目中，各种规模占比如表 2.5 和图 2.4 所示。可以看出，贵州省建制镇污水处理厂大都为中小型污水处理厂，规模集中在 200～5000m^3/d，其中规模在 200～500m^3/d、500～1000m^3/d 和 1000～5000m^3/d 的污水处理厂个数分别占总体的 26.81%、35.32%和 32.53%。规模小于 200m^3/d 的污水处理厂占 3.56%，而规模在 5000～10000m^3/d 以及 10000m^3/d 以上的污水处理厂数量仅占总体的 0.76%和 1.02%。

表 2.5 贵州省调研建制镇污水厂设计规模情况表

污水厂规模区间/（m^3/d）	占比/%
＜200	3.56

续表

污水厂规模区间/（m^3/d）	占比/%
200～500	26.81
500～1000	35.32
1000～5000	32.53
5000～10000	0.76
＞10000	1.02

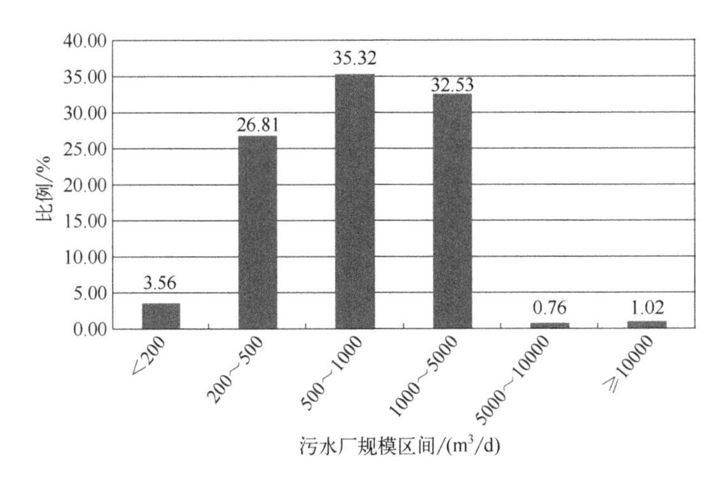

图2.4　贵州省建制镇污水厂规模分布比

四川省建制镇污水处理厂站现状处理规模介于5～20000m^3/d之间，平均处理规模为839.6m^3/d。从表2.6和图2.5可以看出，四川省建制镇污水处理厂规模普遍偏小，83.2%以上的厂站规模小于1000m^3/d，61.8%以上的厂站规模小于500m^3/d，约23.9%以上的厂站规模小于200m^3/d。根据2021年省厅统计，四川建制镇污水厂运行负荷率为51.89%。

表2.6　四川省建制镇污水厂设计规模分布情况表

污水厂规模区间/（m^3/d）	占比/%
＜100	9.4
100～200	14.5
200～500	37.9

续表

污水厂规模区间/（m^3/d）	占比/%
500～1000	21.4
1000～5000	15.5
5000～10000	1.2
＞10000	0.3

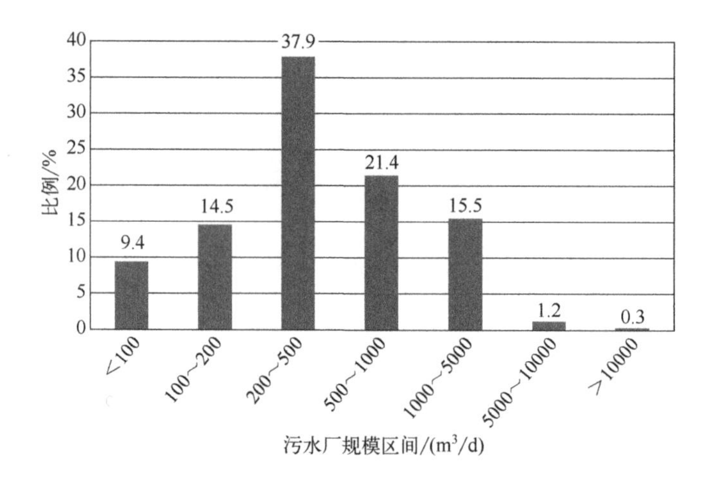

图 2.5　四川省建制镇污水厂规模分布比

根据以上三省污水厂规模情况对比分析，长江上游地区小规模污水厂数量占比较大，大部分集中于 100～5000m^3/d。

（2）规模设计依据分析

从调研结果看，长江上游部分建制镇污水处理设施设计过程中未能因地制宜，盲目照搬城市污水处理定额标准，刻意提高规划人口数据，造成建设规模偏大，污水处理设施建成后进水量不足，长期处于低负荷运行状态。污水厂规模的确定应结合建制镇实际污水量情况，参考《村镇供水工程技术规范》（SL 310—2019）以及各省颁布的“建制镇污水处理设施建设技术手册”“建制镇生活污水处理设施建设和运行管理技术导则”中省用水定额，确定恰当的用水定额及污水量，从而确定污水处理厂工程规模。

2.1.3.2　设计水质及排放口

长江上游（一区）部分调研建制镇污水处理厂设计进水水质如表 2.7 所

示。此外，四川省发布的《四川省建制镇生活污水处理设施建设和运行管理技术导则（试行）》中，对不同类型地区进水水质也做了划分（表 2.8）。据调研，长江上游（一区）设计进水 COD 浓度一般取 150～300mg/L，NH_3-N 取 30～50mg/L，TN 取 30～60mg/L，TP 取 3～6mg/L。

表 2.7　部分建制镇污水处理厂设计进水水质　　单位：mg/L

厂名	COD	NH_3-N	TN	TP
澄江市海口镇污水厂	320	35	40	4
嵩明县 4 个镇污水厂	200	25	30	3
香格里拉市小中甸镇污水厂	300～500	30～45	40～70	4.7～8
成都市姚渡镇污水厂	250	35	45	3

表 2.8　四川省建制镇生活污水处理厂进水水质　　单位：mg/L

类别	主要指标							设计水温/℃
	pH	SS	COD	BOD_5	TN	NH_3-N	TP	
Ⅰ区：盆地平原、冲积层等强透水层地区	6.5～8.0	150～300	150～350	100～200	35～50	30～45	4.0～5.0	—
Ⅱ区：盆地丘区弱透水层地区	6.5～8.0	250～500	250～500	130～300	45～70	40～65	4.5～7.0	—
Ⅲ区：盆周边缘山区、川西南中山区	6.5～8.0	150～350	150～400	100～250	35～55	30～50	4.0～6.0	—
Ⅳ区：高寒高海拔地区（未集中供暖、自来水敞放）	6.5～8.0	50～150	100～250	50～150	30～45	25～40	3.0～5.0	夏：8～14、冬：1～4
Ⅴ区：高寒高海拔地区（集中供暖、自来水未敞放）	6.5～8.0	150～350	150～400	100～280	45～60	30～50	4.0～6.0	夏：10～16、冬：6～8

注：数据来源于《四川省建制镇生活污水处理设施建设和运行管理技术导则（试行）》。

云南省建制镇生活污水一般按照《城镇污水处理厂污染物排放标准》（GB 18918—2002）一级 A 或一级 B 标准排放，对于设计规模小于 500m^3/d 的建制镇污水厂，则执行云南省地方标准《农村生活污水处理设施水污染物排放标准》(DB53/T 953—2019)。

对贵州省787个已建建制镇污水处理项目的出水排放标准进行统计，其分布比如图2.6所示。其中有70%污水项目的出水排放标准已达到一级A标准，出水达到一级B标准[1]的污水处理项目占25.8%，另有3.6%和0.6%的污水处理项目出水按三级排放标准或其他标准执行。

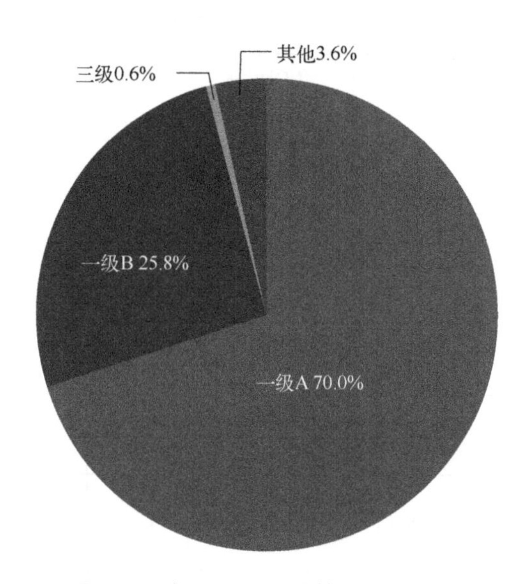

图2.6　贵州省出水排放标准分布比

四川省建制镇污水排放一般为一级A标准和一级B标准。对于岷沱江重点流域的建制镇，四川环保厅发布了《四川省岷江、沱江流域水污染物排放标准》(DB 51/2311—2016)，对总磷、总氮等污染物提出了更高的去除要求，高于一级A标准。目前全省基本已无按照二级标准排放的镇污水处理厂。

建制镇生活污水处理厂入河排放口按照环保法律法规要求规范设置，并由环保部门开展检查和监督性检测。从调研看，审批流程复杂，周期较长。

2.1.3.3　污水厂工艺及形式

云南省建制镇污水处理设施技术工艺主要采用活性污泥法、生物膜法及

[1] 如无特别说明，下文中一级A标准，一级B标准等均指的是《城镇污水处理厂污染物排放标准》(GB 18918—2002)中标准。

活性污泥+生物膜组合工艺。

贵州省目前主要采用的污水处理工艺与云南省类似。污水处理设施主要采取构筑物和一体化形式，《贵州省乡镇污水处理设施建设技术指南（试行）》提出：处理规模大于 500m^3/d 的污水厂，二级处理构筑物宜采用构筑物形式二级处理设施；处理规模小于等于 500m^3/d 的污水厂，二级处理构筑物宜采用一体化设备。贵州省建制镇已建污水处理设施中有 319 个采用一体化模式，占比为 40%左右。

根据收集统计的四川省 55 个区市县建制镇污水处理工艺种类数量，其中县域内有 2、3 种工艺的有 21 个，约占 38.2%；县域内有 4、5 种工艺的有 23 个，约占 41.8%；县域内有 6～10 种工艺的有 7 个，约占 12.7%。工艺类型主要包括活性污泥、生物膜、活性污泥+生物膜组合工艺和其他工艺，工艺占比如图 2.7 所示。

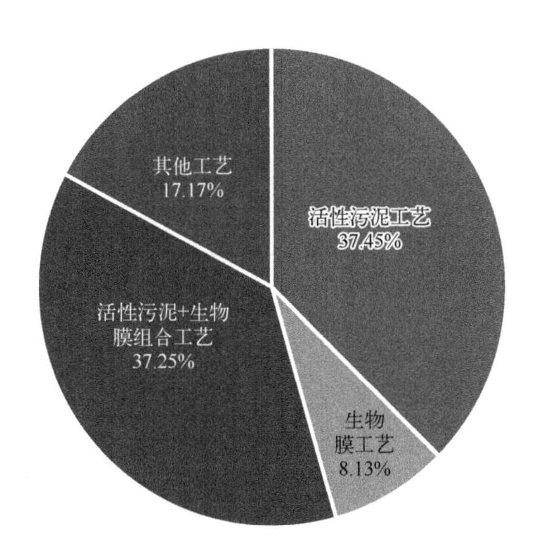

图 2.7 四川省污水厂工艺应用统计图

综上所述，长江上游不少建制镇污水处理工艺种类繁多，运维管理难度较大，针对长江上游建制镇污水处理设施运行专业人才缺乏和资金不足的情况下，增加了污水治理工作难度；工艺类型主要以活性污泥法、生物膜法及其组合工艺为主，其中对于进水水量低、水质浓度较低的污水厂，主要采用生物膜法。

污水处理设施主要采取传统土建和一体化设备形式，两种形式比较如表 2.9 所示。

表 2.9　传统土建形式与一体化设备形式方案比较表

项目	传统土建形式	一体化设备形式
占地面积	大	小
施工周期	长	短
现场值守	专人管理	无人值守
现场人员技术要求	有一定的专业经验基础	会简单操作即可
使用寿命	长	厂家众多，使用寿命长短不一
防渗透	由于地层不稳定产生裂缝、泄露，需做复杂的防渗处理	各设备厂家标准多样
投资成本	人工成本价高，施工难度大，受制约与当地条件	人工少，费用低
重复利用性	一旦建成即固定在一地，不可移动	将所有设备集成装配在一个筒体内，能整体搬运，可重复利用
运行稳定性	高	较差
设备维护	生产人员可自行安排，维护成本较低	偏垄断，维护成本不定
技术成熟度	成熟	涉及专利不公开透明，不便选型

通过比较可以看出，两种形式各有优缺点，一般而言，规模较大厂站考虑到污水厂的运行稳定性、技术成熟度、使用寿命、后期设备维护费等，大都采用传统土建形式。针对小规模、施工周期要求短、用地受限等厂站，可采用一体化设备形式。由于一体化设备存在质量参差不齐、使用寿命短、不宜于后期检修维护、设备更换成本高等问题，在当前的建制镇生活污水处理设施设计阶段，若采用一体化设备形式，建议由多方专家进行评估判定，特别注意设备选型、箱体材质、设备配置、生化系统污水水力停留时间、质保期限、后期设备更换等因素。

2.1.3.4　污泥处理

从调研结果来看，目前云南省建制镇能够有效处理污泥的污水处理厂较少，污泥处置能力不足，且普遍存在"重水轻泥"的认识误区。部分污水厂仍处于试运行阶段，来水量较少，产生的污泥量相对较少，暂未建设污泥处置设施；部分污水厂即使建有污泥处理设备，但因运行费用较高而难以正常运行。此外，多数污水处理厂中污泥的最终处置都是采用外运至垃圾处理厂进行填埋的方式。

四川省建制镇污水厂污泥处理采用干化焚烧、菌种培养、堆肥利用、建筑材料利用、卫生填埋等方式，污泥处置率达到 75.35%。

贵州省鼓励根据县域污泥处置规划统一处置，推荐采用焚烧、外运水泥厂、堆肥等多元协同，积极推进污泥无害化减量化。

2.1.3.5　污水收集管网

长江上游建制镇排水体制大部分为老城区采用截流式合流制，正逐步开展雨污分流；新城区采用雨污分流制。

2.1.4　建设阶段

2.1.4.1　建设模式

长江上游建制镇污水厂和管网一般不是一体建设。云南省由于经济发展水平低，贫困人口较多，企业期望的投资回报与政府保本微利政策之间可能存在较大差距，因此，目前建制镇污水处理设施建设都是采用政府投资建设模式。贵州省建制镇生活污水建设来源主要是省级行业主管部门专项资金、中央资金、地方自筹资金（贷款）等。为推进政府和社会资本合作（PPP）项目规范发展，贵州省政府出台《贵州省污水治理行业 PPP 项目绩效评价操作指南》，旨在加强政府和社会资本合作，发挥政府在规划统筹、政策执行、风险把控等方面的优势，以及社会资本在投融资管理、专业技术、建设运营等方面的优势。四川省建制镇污水厂及配套管网的建设一般采用 BOT、PPP 等建设模式。

2.1.4.2　建设成本

长江上游污水设施建设成本见表 5.6。其中，贵州省污水厂建设费用约 0.45～1.60 万元/t，配套管网建设费用约 25～92 万元/km，贵州省不同设计规模的污水厂在不同工艺形式下的工程费用测算指标如表 2.10 和表 2.11 所示，污水收集管网的建设成本测算如表 2.12 所示。

表 2.10　贵州省构筑物形式污水处理厂工程费用测算指标表

名称	污水处理厂工程费用		
建设规模/（m^3/d）	600～1000	1000～2000	2000～3000
吨水投资/元	6000～10000	5000～6000	4500～5000

表 2.11　贵州省一体化设备形式污水处理厂工程费用测算指标表

名称	污水处理厂工程费用				
建设规模/（m^3/d）	100	200	300	400	500
吨水投资/元	11000～16000	10000～14500	8500～13000	7500～12000	6500～11000

表 2.12　贵州省污水收集管网工程费用测算指标表

名称	污水收集管网工程费用				
管道直径/mm	DN200	DN300	DN400	DN500	DN600
工程费用/（万元/km）	25～38	33～50	41～62	50～76	60～92

2.1.5　运维阶段

2.1.5.1　运维模式

长江上游建制镇污水处理设施建成后的运营模式主要分为政府自行运营和委托第三方运营两种模式。不同运维模式的比较如表 2.13 所示。

表 2.13　长江上游（一区）污水厂运维模式比较

管理模式	运行成本	优劣比较
政府自行运营	低	建设资金地方财政负担较大，运行成本最低，但缺乏专业管理人员，管理不规范，污水处理效果差
委托第三方运营	较高	建设资金地方财政负担小，但后期运维地方财政压力大，运行成本高，管理较规范

根据调研的建制镇来看，云南省大多数建制镇污水处理设施由政府自行运营，专业运维人员配备不足；部分交由第三方运维，由于远程监控与考核

制度不完善，技术力量薄弱，甚至只有当地镇区村民看守并运营管理，部分建制镇污水厂处于“晒太阳”状态。

贵州省已建成的 907 个乡镇生活污水处理设施，其中 502 个乡镇已委托第三方运营，有 181 个由乡镇政府自建运营。大多数乡镇生活污水处理项目的管理和运营为厂网分离模式，即污水处理厂和污水管网分别由不同的单位管理。贵州省内进行乡镇污水处理厂运营的第三方基本上只负责污水厂内运营，不负责污水管网的运维。政府自建运营的专业管护工作主要依靠行政主管部门。

四川省与贵州省类似，约 82%的建制镇污水处理设施交由第三方专业公司负责运营，配套管网一般由当地政府管理，但水平普遍不高；约 18%的污水处理设施则由政府或村委会自行运维，技术力量得不到保障。

2.1.5.2 实际进出水水质

长江上游地区部分建制镇实际进水水质如表 2.14 所示，某建制镇 2021 年月度实际进出水水质如表 2.15 所示。可以看出，一区实际进水水质相对设计进水水质整体较低，这可能是雨污串管，或者局部管网低处有雨水渗入所致。建制镇出水水质基本可达到出水标准要求。

表 2.14 长江上游部分建制镇污水处理厂实际进水水质 单位：mg/L

地区	COD	NH_3-N	TN	TP
曲山镇	138	12.80	18.70	4.25
姚渡镇	178	27.69	—	0.37
川主寺镇	139	22.88	28.24	1.15
茫村镇	184	20.75	23.00	2.60
海口镇	107	14.11	≤40	≤4
小中甸镇	65	5.14	6.97	0.31
平均值	135	17.23	26.99	2.11

表 2.15 某建制镇污水厂 2021 年实际进出水水质浓度 单位：mg/L

时间	进水 COD	出水 COD	进水 NH_3-N	出水 NH_3-N
1 月	226	13	21.44	0.74

续表

时间	进水 COD	出水 COD	进水 NH_3-N	出水 NH_3-N
2 月	177	18	21.53	0.59
3 月	239	17	26.85	0.89
4 月	189	16	21.47	0.57
5 月	154	19	18.79	0.55
6 月	151	12	18.88	0.39
7 月	154	13	16.28	0.58
8 月	64	18	19.64	0.99
平均值	169.25	15.75	20.61	0.6625

2.1.5.3 运行负荷

长江上游污水厂实际来水量与设计规模相差较大，长期处于低负荷运行状态，平均运行负荷率不足 50%，具体情况如表 2.16 和图 2.8 所示。

表 2.16 长江上游调研建制镇实际污水处理量与负荷率情况表

省份	污水厂实际处理量/（万立方米/天）	运行负荷率/%
云南省	4.63	33.53
贵州省	31.06	37.21
四川省	87.69	51.89

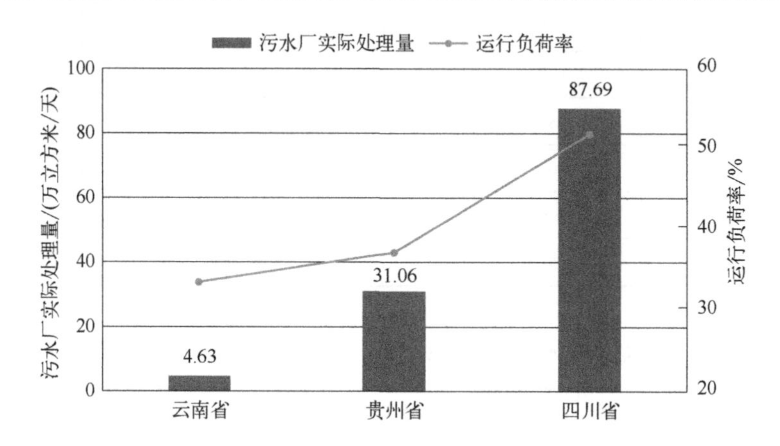

图 2.8 长江上游调研建制镇污水厂实际处理量及运行负荷率

2.1.5.4 运维成本

长江上游污水设施运维成本见表 5.8。贵州省采用政府自行运营模式时，污水直接处理成本费用约 0.8～1.2 元/t；采用委托第三方运营模式时，污水直接处理成本费用约 2.5～5.0 元/t。配套管网建设费用约 1.2～1.5 万元/km，贵州省不同设计规模的污水处理厂运维成本测算如表 5.9 所示，估算标准约为 1.04～2.96 元/m^3。

2.1.6 管理机制

贵州省污水管理主管部门在省住房和城乡建设厅；全省 9 个市（州），有 8 个市（州）行政主管部门在水务局，1 个（六盘水市）行政主管部门在住建局；88 个县（市、区），有 82 个县（市、区）行政主管部门在水务局，有 4 个县（市、区）行政主管部门在住建局（盘州市、钟山区、水城区、长顺县），有 2 个县（南明区、沿河县）属于生态环境局。

为实施乡镇生活污水处理设施及配套管网提升工程，切实提高乡镇生活污水治理效能，贵州省政府出台了《贵州省住房和城乡建设厅等四部门关于整县推进乡镇生活污水处理设施及配套管网提升工程的通知》（黔建村通〔2020〕114 号）。坚持试点先行，梯次推进，在赤水河流域 9 个县（区）和其他市（州）部分积极性较高的县（区），先期开展整县推进乡镇生活污水处理设施及配套管网提升工程试点。坚持政府主导，市场运作，强调县级人民政府是乡镇生活污水治理责任主体，乡镇生活污水处理设施及配套管网提升工程由县级人民政府统筹组织实施，积极引入社会资本参与项目建设运营，确保工程建设质量与设施运行效率。坚持问题导向，科学施策，全面梳理部分污水处理厂建设规模偏大、进水浓度偏低、收集管网错接漏接混接、运营维护资金无保障、入户管网接入率低、乡污水处理设施不健全等问题。坚持厂网一体，建管并重，改变过去“厂管厂、网管网”、乡镇各自为阵、部门多头实施的碎片化管理模式，乡镇生活污水处理设施及配套管网提升工程必须实施厂网一体化管理，建设和运营统筹规划，切实理顺管理体制机制。

四川省规定：省级层面主要是指导建制镇污水处理设施建设管理，按照“三管三必须”工作要求抓好此项工作，切实履行监管责任，认真会同相关部门研究政策和技术标准，加强技术指导，加大资金支持，解决全局性的方向性的问题，对项目建设采用调度通报和预警（提示）函等方式督促推进工作；市级层面落实日常监督，履行属地监督责任，结合地方建制镇发展策略，报请地方党委政府加大支持；县级住建部门，结合该县的实际，全面梳理镇污水的问题，履行主体责任。政策方面，四川省相继印发了《关于做好全省建制镇污水处理设施建设运行管理工作的通知》《四川省建制镇生活污水处理设施建设和运行管理技术导则（试行）》，执行效果良好；《“十四五”期间阿坝州甘孜州凉山州城镇生活污水和城乡生活垃圾治理攻坚指导意见》《加快推动新时期乡镇生活污水治理的实施意见》正在编制中。

2020 年 7 月，省发改委牵头印发《四川省完善长江经济带污水处理收费机制工作方案》，明确提出“已建成污水处理设施，未开征污水处理费的县城和建制镇应于 2020 年底前开征。2023 年底前建制镇污水处理费标准均应调整至补偿成本的水平，形成促进污水处理行业持续稳定健康发展的价格机制”。目前出台了建制镇相关收费标准的市州共计 10 个，占比 47.6%；制定收费方案区县共计 73 个，占比 39.9%；2016 个建制镇收费的镇有 386 个，占比 19.1%。

2.2 典型建制镇污水收集处理调研分析

根据建制镇经济发展、水资源、空间位置、污水收集处理能力、建管模式与工艺类型等方面的特点，并通过与省厅村镇处同志的共同商议，长江上游（一区）实地调研了云南省、贵州省、四川省的以下几个建制镇，其中云南省小中甸镇与四川省川主寺镇同属于高寒高海拔地区建制镇。

（1）云南省：蒙自市芷村镇、弥勒市东山镇、澄江市海口镇、楚雄市苍岭镇、香格里拉市小中甸镇；

（2）贵州省：安顺市经开区幺铺镇、西秀区 7 个镇（蔡官镇、旧州镇、宁谷镇、双堡镇、轿子山镇、七眼桥镇、大西桥镇）和紫云县 8 个镇（猴场镇、板当镇、猫营镇、格凸河镇、宗地镇、坝羊镇、大营镇、火花镇）、福泉市五镇（牛场镇、龙昌镇、道坪镇、凤山镇、陆坪镇）；

（3）四川省：成都市青白江区姚渡镇、绵阳市北川羌族自治县曲山镇、阿坝藏族羌族自治州松潘县川主寺镇。

2.2.1 绵阳市曲山镇

2.2.1.1 项目概况

曲山镇位于四川省北川羌族自治县中南部，地处成都平原向藏东高原过渡的高山峡谷地带，气候温和，四季分明，主要河道有一级河通口河 1 条。镇建成区面积约 5km^2，户籍人口约 1830 人，常住人口约 1270 人，年供水总量约 4.5 万立方米。经济发展以农业为主。

曲山镇污水厂（图 2.9）于 2018 年 8 月建成并投运，设计规模为 450m^3/d，实际处理量约为 80m^3/d，负荷率仅 17.78%。但曲山镇污水处理率可达到约 90%，这是由于曲山镇人口流失严重，但设计规模按户籍人口考虑，导致污水厂设计规模偏大。污水处理后排入通口河，设计出水水质为一级 A 标准，2021 年实际平均进出水水质如表 2.17 所示，出水水质达到排放标准限值要求。

图 2.9 曲山镇污水处理站

表 2.17　2021 年曲山镇污水厂实际进出水水质

水质指标	COD /（mg/L）	NH_3-N /（mg/L）	TN /（mg/L）	TP /（mg/L）
进水	138	12.8	18.7	4.25
出水	23	0.206	5.47	0.41

配套管网长度约 8km，大部分地区采用雨污分流制，管网覆盖率达到 100%。污泥采用聘请专业罐装吸污车定期清掏并转运至擂鼓污水处理厂脱水后，送至北川羌族自治县福田页岩砖厂进行烧结制砖。

2.2.1.2　建设运营模式

曲山镇污水处理站为厂网一体建设，由曲山镇人民政府投资为业主建设，污水厂由县平台公司禹羌投资有限公司经营管理，后又经县人民政府同意后由禹羌投资有限公司采购四川国新联程环保科技股份有限公司进行运维管理。污水厂未设置监控设备和在线监测系统，厂内配备 1 名管理人员，定期到现场巡查，运维情况良好。污水厂进出水水质委托专业机构进行定期检测。污水管网由乡镇人民政府运营管理，技术力量薄弱，由于曲山镇地处高山峡谷地带，地震、洪涝、泥石流等自然灾害时有发生，加上部分污水管网布置于河内，管网易受损，运维困难。

2.2.1.3　技术工艺

曲山镇污水处理厂采用 A^3O+MBBR 一体化工艺，工艺流程图如图 2.10 所示。

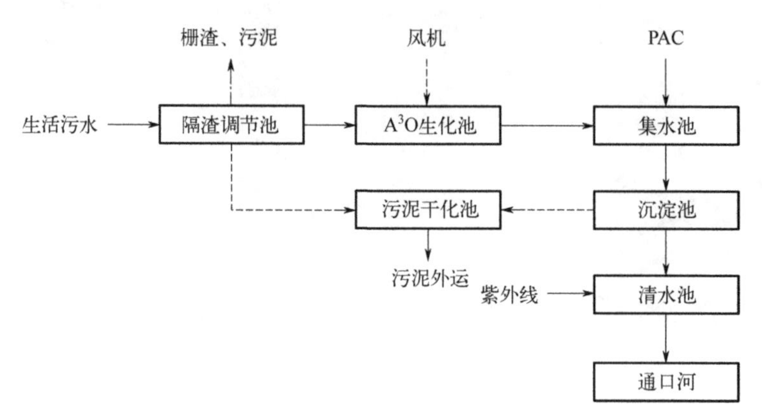

图 2.10　曲山镇污水处理厂工艺流程图

2.2.1.4　管理机制

曲山镇人民政府明确了具体分管领导和具体负责人，形成了管网管理制度，实行网格化管理。第三方运维单位制定相关安全管理及操作制度并配备相关安全保障设备，管理人员严格按照相关制度实施，并定期组织安全培训及演练，由禹羌公司对运维工作安全实施情况进行检查并考核；第三方运维单位制定相关应急管理制度及应急预案，并定期组织管理人员进行应急培训及演练；第三方运维单位建立了档案收集保存制度，在污水处理站建立档案盒，分门别类对档案进行保存（包括运行记录、维护记录、检查记录、药剂接收添加记录、异常情况记录、污泥处置记录、危废品记录等），并定期将相关档案报送禹羌公司及主管部门审核或备案。

县住建局已拟定《北川羌族自治县乡镇生活污水处理费征收工作细则》，目前已报县人民政府，正在进行合法性审查及风险评估，尚未征收污水处理费。

2.2.1.5　投融资情况

曲山镇污水厂及配套管网与其他项目打包建设，总投资额为 610 万元，资金来源为国家重点生态功能区转移支付资金。污水处理成本约为 1.7 元/t，污水处理厂年度运维费约 20 万元，其中最大支出为电费（根据民用电费收取）及人工费，约占总成本的 70%。配套管网运维费用约 6 万元/年。污水厂及配套管网运维资金均由县财政补贴。

2.2.1.6　综合评价

曲山镇污水厂采用 A^3O+MBBR 一体化处理工艺，工艺运营成本低，建设周期短，无需专人值守，操作管理方便，设备紧凑，占地面积少，保温外层利于冬季运行，污水稳定达标排放；污水管网完善，基本实现雨污分流；已基本实现雨污分流；污泥得到资源化利用，但运输成本较高。建制镇人口流失较为严重，但污水厂规模未按常住人口计算，造成建设规模偏大，负荷率较低。污水厂由政府委托专业机构运维，确保了设施的高效稳定运行。配套管网由政府自行运维，管网易受损，但技术力量薄弱。行业主管部门职责划分清晰，台账资料完整，但厂区内未设置监控设备，无法进行有效监管。曲山镇已拟定污水处理收费制度，目前尚未征收污水处理费，实际征收较为困难。

2.2.2 澄江市海口镇

2.2.2.1 项目概况

海口镇位于云南省玉溪市澄江市东南部，抚仙湖畔山麓湖盆和山地，距市区 23km。海口镇山多平地少，除海口小三角洲外均是山区，全镇气候及自然条件差异较大，境内有清水河和南盘江绕境而过。全镇面积 102.7km^2，镇建成区常住人口约 2900 人，年供水总量约为 6.57 万立方米。

海口镇污水厂（图 2.11）为提标扩建项目，原处理规模为 1000m^3/d，扩建后处理规模为 5000m^3/d，实际处理量约为 1400m^3/d。服务范围为海口镇村小组、仙湖古镇及沿湖村组，服务人口为 1.2 万人，收集管网长度约 14.15km，

图 2.11 海口镇污水处理厂

排水体制为雨污分流制。占地面积 10.5 亩（1 亩=666.67m^2），污水处理后排入南盘江，设计出水水质为一级 A 标准，2020 年实际平均进出水水质如表 2.18 所示。厂区污泥处理设施目前尚未建成。

表 2.18 2020 年海口镇污水厂实际进出水水质

水质指标	COD /（mg/L）	NH_3-N /（mg/L）	TN /（mg/L）	TP /（mg/L）
进水	106.79	14.11	≤40	≤4
出水	7.33	0.04	8.95	0.28

2.2.2.2 建设运营模式

海口镇污水厂通过 PPP 模式，由玉溪中车环保工程有限公司建设和代运营，主要负责污水处理厂区及镇区管网运营维护。目前污水厂仍处于试运行阶段。污水厂内配备监控设备，中控室操作人员实时通过主控电脑对各污水厂数据、设备运行情况进行监控及操作。同时污水厂内配备在线监测系统，对污水水质进行实时监测。污水厂内共配备两名管理人员，主要负责污水处理厂区运行维护和水质记录。

2.2.2.3 技术工艺

海口镇处理工艺采用 A^2O+MBR 工艺，工艺流程如图 2.12 所示。

2.2.2.4 管理机制

据海口镇人民政府相关负责人员反馈，运维单位专业人员配备不足，污水厂遇到故障无法得到及时处理；由于初期进水量少，运营企业为追求利润，擅自关停污水处理厂，通过保底水量获取污水处理运营费。因此，后期海口污水厂计划移交至海口镇人民政府自行运营。

2020 年 12 月 17 日，澄江市发展和改革局印发了《关于集镇供水价格和全市污水处理费标准的通知》，提出全市污水处理费标准实施动态调整，5 年内分 4 步逐步调整到位，同时建立起相应的财政等补偿机制。目前海口镇暂未开征污水处理费，污水处理费用全部由运营方承担。

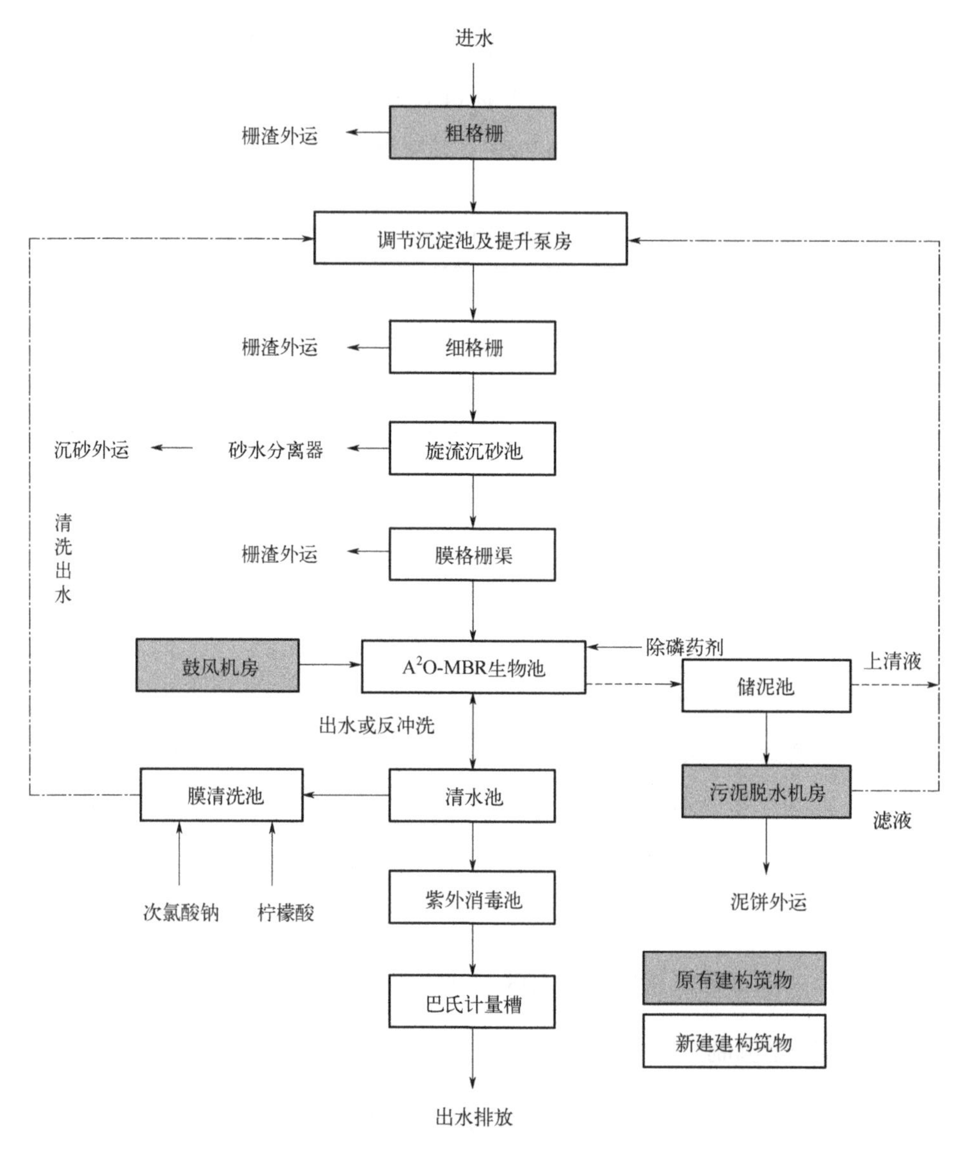

图 2.12 海口镇污水处理厂工艺流程图

2.2.2.5 投融资情况

海口镇污水厂提标改造总投资约为 3581.08 万元（不包含配套管网），海口镇 28 个村小组污水收集管网由海口镇人民政府投资建设，总费用共 4500 万元，其余村小组污水管网由博资科投资建设，目前未竣工验收，投资总费用尚不明确。污水处理年度运行维护费用包括用电、药剂、人工、设备维护等费用，其中最大支出为电费及人工费，污水处理和管网年度运行维护总费用目前尚未入库。

2.2.2.6 综合评价

海口镇污水厂工艺流程简单，采用 A^2O+MBR 工艺，占地较小，出水水质稳定、污泥产量少。配套管网排水体制采用雨污分流制，提高了污水处理效率，节约污水处理成本。配备了监控平台和在线监测系统，便于操作管理，对突发状况及时作出反应。但污水厂支管网仍未完善，居民生活污水未能完全收集，导致设施运行负荷率不足；运营委托第三方代为运营，但由于专业人员配备不足，设备发生故障时需联系设备厂家进行处理，故障处理不及时，影响设施运行效果；运维单位为追求利润擅自关停污水厂，污水厂内未配置远程监控平台，政府无法对污水厂运行情况进行有效监管；污水处理费征收工作还不成熟，污水费征收困难。

2.2.3 成都市青白江区姚渡镇

2.2.3.1 项目概况

姚渡镇地处成都市青白江区中部，境内地形以浅丘为主，有毗河、西江河穿境而过。镇建成区面积约为 0.62km^2。截至 2020 年，姚渡镇建成区户籍人口约 5100 余人，常住人口约 4800 余人，年供水总量约 34 万立方米。经济发展以农业、工业为主。

姚渡镇污水厂（图 2.13）位于姚渡镇永和村 5 组，占地 10.7 亩，于 2012 年 11 月投入运行，2019 年 12 月完成提标改造。污水来源为姚渡镇居民生活污水，设计规模 2000m^3/d，实际处理量约为 800～1200m^3/d，运行负荷为 40%～60%。污水处理后排入毗河，出水执行《四川省岷江、沱江流域水污染物排放标准》（DB51/2311—2016），实际出水水质如表 2.19 所示，符合设计出水水质标准。厂区污泥脱水至 80%后送至青白江区污泥处置中心进一步脱水、干化后外运协同焚烧，污泥处置率达到 100%。已建成排水管网长度约为 6.4km，排水体制正逐步改造为雨污分流制，目前已经完成 90%，污水收集覆盖率达到 100%。

图 2.13　姚渡镇污水处理厂

表 2.19　2021 年姚渡镇污水厂实际平均进出水水质

水质指标	COD /(mg/L)	NH_3-N /(mg/L)	TN /(mg/L)	TP /(mg/L)
进水	177.6	27.69	—	0.37
出水	≤30	≤1.50	≤10	≤0.30

2.2.3.2　建设运营模式

姚渡镇污水厂由青白江区住建局建设，由融禾环境有限公司委托第三方单位管理运行。污水厂内配备监控设备，委托方可对污水厂运行情况进行远程监控。同时污水厂内配备在线监测系统，对污水水质进行实时监测。污水厂内每日配备 3～5 名技术及管理人员，主要负责污水处理厂区运行维护和水质记录。

2.2.3.3　技术工艺

姚渡镇污水厂采用改良型 CASS 处理+高效沉淀池+反硝化滤池处理工

艺，工艺流程如图 2.14 所示。

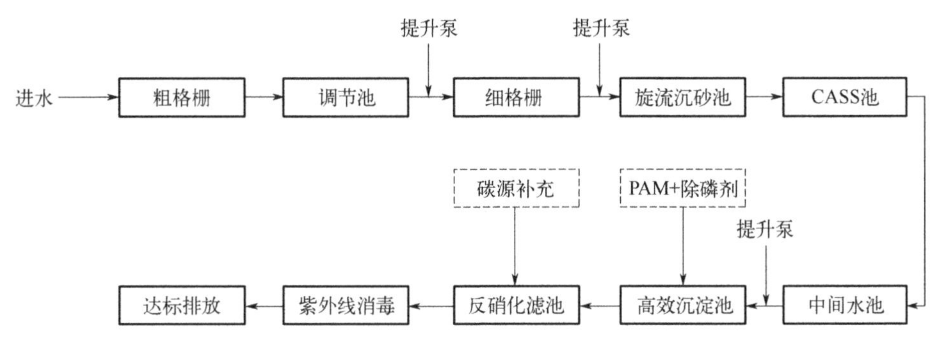

图 2.14 姚渡镇污水处理厂工艺流程图

2.2.3.4 管理机制

污水厂运行过程中，由住建部每日对处理流程进行监管，水务局对每日运行情况进行核查，环保部门日常进行抽查。地方政府每季度对污水厂水质、水量报告进行考核打分。但姚渡镇在行业监管制度方面有所欠缺，职责划分尚未理顺，已印发相关文件，目前还未施行。姚渡镇已开征污水处理费，主要通过与自来水一同收取，收费标准为 2.94 元/t，年度实收污水处理费约 28.9 万元。

2.2.3.5 投融资情况

姚渡镇污水处理厂总投资约 4700 万元，其中污水处理设施投资约 1500 万元，管网改造投资约 3200 万元。污水处理年度运行维护费用约为 110 万元，其中最大支出为用电和人工费，约占总成本的 70%。管网年度运行维护费用约 4.7 万元。污水厂和管网运行维护费用主要来源于污水处理征收费用与业主补贴。

2.2.3.6 综合评价

姚渡镇污水厂采用改良型 CASS 工艺，简单可靠，建设运行费用低，控制系统简单，满足现状污水处理量需求，厂区内配备在线监测设备，保证污水达标排放，配套管网建设完善，基本实现雨污分流，污泥得到有效处置；

暂未设置远程监控平台，监督管理较为困难，管理职责划分尚未理顺，未建立有效的工作机制；已建立并开征污水处理收费制度，但难以覆盖运营成本，需由地方政府补贴运营费用。

2.2.4 安顺市部分县区建制镇

2.2.4.1 污水处理概况

安顺市位于贵州省中西部，距贵州省省会贵阳 90km，地处长江水系乌江流域和珠江水系北盘江流域的分水岭地带，是典型的喀斯特地貌集中地区。安顺市全市共 46 个建制镇，需建设生活污水处理设施的建制镇 45 个。该 45 个建制镇的乡镇生活污水处理设施均已建成，污水处理厂建设总规模 4.422 万吨/天，配套污水管网 578.6km，其运行状况为：32 个镇正常运行，7 个镇尚在调试阶段，还有 6 个镇没有正常运行。2021 年实际处理量 2.31 万吨/天，运行负荷率 52.2%。

调研涉及经开区幺铺镇、西秀区 7 个镇和紫云县 8 个镇。各建制镇建成区常驻人口数和镇建成区面积如表 2.20 所示。各建制镇污水收集处理情况如表 2.21 所示。

表 2.20 安顺市经开区、西秀区、紫云县建制镇人口面积情况

建制镇所属区县	建制镇名称	建成区常驻人口/万人	镇建成区面积/km^2
经开区	幺铺镇	0.95	3.2
西秀区	蔡官镇	2.202	1.2
西秀区	旧州镇	1.653	8.9
西秀区	宁谷镇	1.23	3.2
西秀区	双堡镇	0.9385	1.38
西秀区	轿子山镇	0.89	0.8
西秀区	七眼桥镇	0.84	3.2
西秀区	大西桥镇	0.206	1
紫云县	猴场镇	0.6752	0.8598
紫云县	板当镇	0.6534	0.42

续表

建制镇所属县	建制镇名称	建成区常驻人口/万人	镇建成区面积/km^2
紫云县	猫营镇	0.6153	0.55
紫云县	格凸河镇	0.53	0.45
紫云县	宗地镇	0.4931	0.4
紫云县	坝羊镇	0.3369	0.2
紫云县	大营镇	0.31	0.4
紫云县	火花镇	0.2431	0.2

表 2.21 安顺市部分县区建制镇污水收集处理情况表

建制镇所属区县	建制镇	污水管道投资总额/万元	污水处理厂（设施）投资额/万元	排水管道长度/km	设计处理能力/（万立方米/天）	实际处理量/（万立方米/天）	污水处理工艺	备注
经开区	幺铺镇	523.00	644.00	7.80	0.10	0.08	A^2O 氧化沟生物处理+转盘滤布滤池深度处理工艺	
西秀区	大西桥镇	492.64	661.49	8.74	0.20	0.11	A^2/O 氧化沟工艺	
	七眼桥镇	2181.75	1078.62	33.00	0.20	0.05	IBR+机械絮凝+普通快滤工艺	
	轿子山镇	520.28	586.60	9.33	0.15	0.13	预处理+A/A/O氧化沟+微絮凝+滤布滤池工艺	
	旧州镇	601.30	504.78	10.18	0.15	0.14	A^2/O 氧化沟污水处理工艺	
	宁谷镇	1700.95	896.26	33.00	0.15	0	A^2/O 氧化沟+纤维转盘滤池工艺	设备已完成调试，扫尾管网未完工
	双堡镇	1506.64	887.15	28.00	0.12	0	A^2/O 氧化沟+纤维转盘滤池工艺	设备正在调试，扫尾管网未完工
	蔡官镇	1235.43	1427.22	20.00	0.10	0	A^2/O 氧化沟+生物磁高效沉淀+紫外线消毒工艺	用地手续不完善，被自然资源局责令停工

续表

建制镇所属区县	建制镇	污水管道投资总额/万元	污水处理厂（设施）投资额/万元	排水管道长度/km	设计处理能力/（万立方米/天）	实际处理量/（万立方米/天）	污水处理工艺	备注
紫云县	猴场镇	584.79	1500.00	10.09	0.06	0.04	改良 A^2/O+滤池	
	板当镇	578.30	1500.00	9.89	0.06	0.04	改良 A^2/O+滤池工艺	
	格凸河镇	380.00	723.00	7.60	0.05	0.04	生物转盘污水处理工艺	
	宗地镇	575.52	1490.00	10.12	0.04	0.032	A^2/O+滤池工艺	
	大营镇	348.30	675.00	7.80	0.036	0.013	MBR 生物膜	
	坝羊镇	683.21	1400.00	9.31	0.03	0.013	A^2/O+滤池工艺	
	火花镇	559.73	1350.00	9.40	0.03	0.012	A^2/O+滤池工艺	
	猫营镇	600.00	1112.00	8.20	0.10	0	A^2/O 氧化沟污水处理工艺	现镇区污水由园区污水处理厂进行处置

2.2.4.2 建设运行情况

从安顺市经开区幺铺镇、西秀区 7 个镇和紫云县 8 个镇的污水收集处理调研情况来看，经开区幺铺镇和西秀区 7 个镇建成区面积较大，建成区常驻人口较多，在 0.2～2.2 万人左右，相应污水收集管网总长度较长，为 7.8～33km，污水处理厂设计规模较大，为 1000～2000m^3/d。紫云县 8 个镇人口相对较少，建成区面积相对较小，相应污水收集管网总长度较短，为 7.6～10.09km，污水处理厂设计规模较小，为 300～600m^3/d。

根据调研的安顺市 16 个建制镇污水厂运行情况统计，其负荷率分布比如图 2.15 所示。其中西秀区中蔡官镇、宁谷镇、双堡镇、紫云县猫营镇污水处理厂正在调试运行阶段。西秀区大西桥镇和西秀区七眼桥镇负荷率低于 30%，分别为 5.5%和 25%。紫云县大营镇、火花镇、坝羊镇污水厂负荷率也未达到 60%，分别为 36.11%、40.00%、43.33%。目前，16 镇中仅有 7 镇污水厂负荷率达到 60%以上。

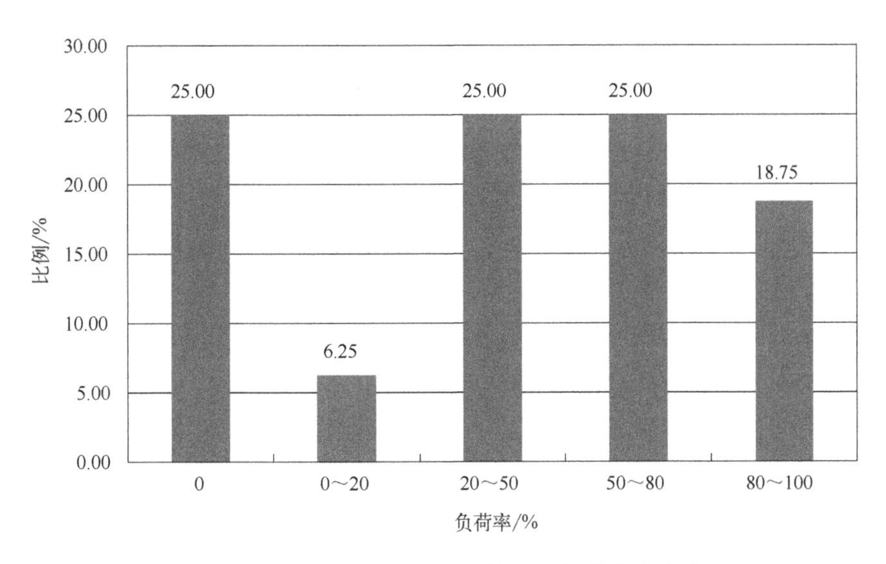

图2.15 安顺市建制镇污水处理厂负荷率分布比

2.2.4.3 技术工艺

安顺市西秀区污水处理厂均采用活性污泥法，经开区幺铺镇和西秀区6镇污水处理厂基本选用常规A^2O氧化沟+滤布滤池，仅西秀区七眼桥镇污水处理厂选用IBR+机械絮凝+普通快滤工艺。西秀区旧州镇、轿子山镇、大西桥镇污水处理厂建成于2016—2017年，排放标准执行一级B标准。经开区幺铺镇、西秀区七眼桥镇、蔡官镇、宁谷镇、双堡镇建成于2018年之后，排放标准执行一级A标准。

紫云县除格凸河镇采用生物转盘污水处理工艺，大营镇采用MBR生物膜处理工艺外，其余5镇污水处理厂都采用A^2/O+滤池工艺。格凸河镇排放标准执行三级标准，其他建制镇污水排放均按一级A标准执行。

2.2.4.4 运维管理机制

安顺市经开区、西秀区和紫云县污水主管部门不尽相同。经开区幺铺镇污水处理主管部门为经开区农林牧水局。西秀区七个镇污水处理主管部门为西秀区水务局。紫云县猴场镇、板当镇、宗地镇、坝羊镇、火花镇污水处理主管部门为紫云县水务局；紫云县格凸河镇污水处理主管部门为紫云县住建局；紫云县大营镇污水处理主管部门为市生态环境局紫云分局。未能完全实现县域污水处理统一规划、统一建设、统一管理。

安顺市经开区、西秀区、紫云县污水处理设施的运营模式存在委托运营和政府管理两种模式。经开区幺铺镇污水处理采用 PPP 建设运营模式，由贵州省安顺市黔鑫实业有限公司建设运营。西秀区七个镇污水处理厂（设施）均采用委托运营模式，大西桥镇由贵州蓝深鑫源环保设备有限公司运营管理，其余建制镇均由西秀区城乡水务有限公司运营管理。

紫云县宗地镇、坝羊镇、火花镇三镇污水处理厂均采用 PPP 模式运营，由贵州水投水务公司建设运营。猴场镇、板当镇污水处理厂采用委托运营模式，由贵州煜程环保科技有限责任公司运营管理。紫云县格凸河镇采用委托运营模式，由贵州林格科技环保有限公司运营管理。紫云县大营镇由贵州省建工集团运营管理。

由于经开区、西秀区和紫云县污水主管部门不尽相同，在运营阶段也采用不同的运营模式，不同建制镇污水处理设施由多家第三方公司运营管理。

2.2.4.5 综合评价

从调研情况来看，安顺市建制镇完成了污水处理项目的初步建设阶段，但部分建制镇存在污水处理收集率低、污水处理厂负荷率偏低的情况，这可能与设计规模偏大，支管网建设不完全有关。建制镇污水处理厂大部分采用 A^2/O+滤池工艺，但也有少量镇采用一体化活性污泥法设备和一体化膜设备。建于 2018 年前的建制镇污水处理厂污水处理排放标准基本按三级标准或一级 B 标准执行，建于 2018 年后基本按一级 A 标准执行。从管理运维角度看，安顺市西秀区、紫云县建制镇污水处理项目主管部门并未实现统一，建设运营单位也五花八门。自 2015 年贵州实施“水务一体化”后，污水处理市级主管部门由安顺市住建局转为安顺市水务局，县区相应陆续完成职能换转为县区水务部门，但“十二五”期间建设的部分污水处理项目未完成验收，仍由原建设单位管理。部分建制镇污水处理项目采用 PPP 建设运营模式，部分建制镇污水处理项目采用政府建设委托第三方公司运营模式，不同建制镇污水处理项目由多家单位运营，不便于统一规划、统一政策、统一管理。

2.2.5　福泉市建制镇

2.2.5.1　项目概况

黔南州共有 79 个建制镇，需建设生活污水处理设施的建制镇 73 个。该 73 个建制镇的乡镇生活污水处理设施均已建成，污水处理厂建设总规模 7.1 万吨/天，配套污水管网 732km。其运行状况为：64 个镇正常运行，9 个镇尚在调试阶段。

福泉市为贵州省黔南布依族苗族自治州下辖的一个县级市，位于贵州省中部，地貌类型以山地为主，丘陵次之，坝地较少。全市辖 5 镇（牛场镇、龙昌镇、道坪镇、凤山镇、陆坪镇），总面积 1688km^2。调研涉及福泉市五镇（牛场镇、龙昌镇、道坪镇、凤山镇、陆坪镇）。

福泉市龙昌镇、牛场镇、道坪镇、凤山镇、陆坪镇建成区面积、建成区常住人口、年供水量、年生活污水排放量数据如表 2.22 所示。福泉市五镇建成区面积较大，但仅龙昌镇、牛场镇常住人口超过 1 万人，其他三镇常住人口均在 0.5 万人左右。

表 2.22　福泉市建制镇人口面积情况

建制镇名称	建成区常驻人口/万人	镇建成区面积/km^2	年供水量/万立方米	年生活污水排放量/万立方米
龙昌镇	1.92	3.96	65.31	52.24
牛场镇	2.48	4.01	83.95	67.16
道坪镇	0.53	2.21	31.94	25.55
凤山镇	0.50	3.58	18.25	14.60
陆坪镇	0.54	3.20	29.71	23.77

2.2.5.2　建设阶段

龙昌镇、牛场镇、凤山镇、陆坪镇污水处理主管部门为福泉市水务局。道坪镇污水处理主管部门为黔南布依族苗族自治州生态环境局福泉分局。

龙昌镇、牛场镇建成区常住人口较多，年生活污水排放量高，因此污水厂设计规模较大，为1500～2000m^3/d，且建设时间早。

龙昌镇污水处理工程于2017年6月建成，工程总投资1322万元，其中污水管道总投资942万元，污水处理厂投资380万元。该工程项目污水收集覆盖面积3.78km^2，污水管网长度7.93km，部分实现雨污分流。该工程项目污水处理厂设计处理量1500m^3/d，实际处理量700m^3/d，年生活污水处理量39.34万立方米，污水处理率75.3%。

牛场镇污水处理工程于2017年12月建成，工程总投资4365.15万元，其中污水管道总投资3852.08万元，污水处理厂投资513.07万元。该工程项目污水收集覆盖面积3.68km^2，排水暗渠长度1.2km，污水管网长度17.9km，部分实现雨污分流。该工程项目污水处理厂设计处理量2000m^3/d，实际处理量达2000m^3/d，年生活污水处理量59.10万立方米，污水处理率达88%。

道坪镇、凤山镇、陆坪镇常住人口较少，年生活污水排放量低，因此污水厂设计规模较小，为500～600m^3/d，建设于2018年后。

道坪镇污水处理工程于2018年6月建成，工程总投资243.25万元，其中污水管道总投资150万元，污水处理厂投资93.25万元。该工程项目污水收集覆盖面积1.5km^2，排水暗渠长度2km，污水管网长度2km，部分实现雨污分流。该工程项目污水处理厂设计处理量600m^3/d，实际处理量400m^3/d，年生活污水处理量15.33万立方米，污水处理率60%。

凤山镇、陆坪镇污水处理工程均于2019年12月建成。凤山镇污水处理工程总投资2136.78万元，其中污水管道总投资1356.2万元，污水处理厂投资780.58万元。该工程项目污水收集覆盖面积2.15km^2，排水暗渠长度1.8km，污水管网长度 8.45km，入户管道 9.13km，部分实现雨污分流。该工程项目污水处理厂设计处理量500m^3/d，实际处理量400m^3/d。陆坪镇污水处理工程总投资2963.62万元，其中污水管道总投资2362.59万元，污水处理厂投资601.03万元。该工程项目污水收集覆盖面积2.56km^2，排水暗渠长度0.2km，污水管网长度13.04km，入户管道44.5km，部分实现雨污分流。该工程项目污水处理厂设计处理量1200m^3/d，实际处理量700m^3/d。

2.2.5.3 技术工艺

龙场镇、牛场镇两镇污水处理厂均采用接触氧化法处理工艺，具有负荷高，处理时间短，占地面积小，运转灵活的优点，但生物接触氧化池中设施和填料的运行维护要求高，对运行队伍专业性要求较高。排放标准执行一级

A 标准。

道坪镇污水处理工程采用厌氧+人工湿地处理工艺，投资运行成本低廉，操作及维护简单，但处理效果不佳，排放标准执行一级 B 标准。

凤山镇、陆坪镇污水处理工程均采用 MBR 处理工艺，排放标准执行一级 A 标准。

2.2.5.4 运维阶段

龙昌镇、牛场镇两镇污水处理厂建设运营模式为 BOT（建设-经营-转让），由福泉市日新环保有限公司建设运营维护。龙场镇污水处理厂年度运行维护费用 72.11 万元，单位水量处理成本 1.30 元/m^3。牛场镇污水处理厂年度运行维护费用 102.44 万元，单位水量处理成本 1.10 元/m^3。污水处理收费标准为 0.85 万元，但实际并未实施污水处理收费。龙场镇、牛场镇污水管道运行维护单位为区水务局。龙昌镇污水管道年度运行维护费用 25 万元，牛场镇污水管道年度运行维护费用 30 万元。

凤山镇、陆坪镇污水处理厂采用委托运营模式，均委托贵州润泉水务投资有限公司运营管理。两镇采用 MBR 技术工艺，凤山镇污水处理厂单位水量处理成本 1.6 元/m^3，陆坪镇污水处理厂单位水量处理成本 1.5 元/m^3。由于建成投运时间短，不足一年，暂无年生活污水处理量、年度运行维护费用等相关年度数据。

道坪镇污水处理厂由政府建设运营管理，且技术工艺较简单，污水处理厂年度运行维护费用 5 万元，单位水量处理成本 0.33 元/m^3。道坪镇污水管道年度运行维护费用 3 万元。

2.2.5.5 综合评价

2014 年黔南州组建水务部门接手污水处理工作，目前 73 个建制镇的乡镇生活污水处理设施中有 72 个镇已移交水务部门。福泉市五镇按地域范围分为三个区域，存在政府管理、委托运营、BOT 三种建设运营模式，分别使用厌氧+人工湿地、MBR、接触氧化法处理工艺。建制镇污水收集处理项目设计规模按镇区面积、镇区人口合理设计，污水处理厂运行负荷率可达 50%以上。由政府管理的污水处理厂运行成本较低，但目前采用污水处理工艺较简单，出水仅达到一级 B 排放标准；委托第三方公司运营维护的污水处理厂管理更加规范，由市水务局督促第三方运营单位保证厂区设备调试、保养、维修、更换，确保污水处理出水水质达标，并对污水处理厂运行相关台账进行清查、收集归档，确保污水处理厂正常运行。但由第三方公司运营维护的污水处理厂管理运行成本偏高，单位水量处理成本普遍在 1.1～1.6 元/m^3，在未能征收污水处理费的情况下需由镇政府财政支出。福泉市五镇污水处理成本、管网维护成本对比见表 2.23。

表 2.23 福泉市五镇污水处理成本、管网维护成本对比

建制镇	技术工艺	运维模式	污水厂单位水量处理成本/（元/m^3）	管道单位长度维护成本/（万元/km）
龙昌镇	接触氧化法	BOT	1.3	3.15
牛场镇	接触氧化法	BOT	1.1	1.67
凤山镇	MBR	委托运营	1.6	—
陆坪镇	MBR	委托运营	1.5	—
道坪镇	厌氧+人工湿地	政府运营	0.33	1.5

2.2.6 香格里拉市小中甸镇

2.2.6.1 项目概况

小中甸镇位于云南省迪庆藏族自治州香格里拉市南部，下辖三个村民委员会，即联合村、和平村和团结村，共 50 个村民小组，总人口 10783 人，其中镇建成区常住人口约占 80%。全镇面积 880.94km^2，地处高寒坝区，地形北稍高南稍低，驻地海拔 3207m，年平均气温 5.8℃，年降雨量 849.8mm，无霜期 120d，河流分属金沙江水系。

小中甸镇污水处理站建设项目属于国家建制镇示范试点基础设施项目二期工程，主要处理小中甸镇集镇区及污水管网主管沿线两侧一定范围内的村庄生活污水，并包含一部分屠宰废水。小中甸镇污水站（图 2.16）于 2020 年 8 月投产使用，总用地面积为 4000m^2，设计规模 1500m^3/d，实际处理量约为 600m^3/d，污水处理后排入硕多岗河。设计进水水质需满足《污水排入城镇下水道水质标准》（GB/T 31962—2015）中 B 等级标准，设计出水水质为一级 B 排放标准。污水处理厂暂未建设中控室和化验室，试运行

期间仅于 2021 年 8 月对进出水水质进行一次检测，测得实际进出水水质如表 2.24 所示。

图 2.16　小中甸镇污水处理厂

表 2.24　2021 年 8 月小中甸镇污水厂实际进出水水质

水质指标	COD /（mg/L）	NH_3-N /（mg/L）	TN /（mg/L）	TP /（mg/L）
进水	65	5.14	6.97	0.310
出水	7.84	0.703	1.43	0.392

污水站建有储泥池一座，污泥近期运送至县城垃圾填埋场处理，远期小中甸镇垃圾处理场建成后直接运至集镇垃圾填埋场。已建成排水管网长度约 10km，主要为主干管，支管尚未完善，管网覆盖率仅为 20%。排水体制近期为合流制，将逐步改造为分流制。

2.2.6.2　建设运营模式

小中甸镇污水处理站通过EPC+政府管理模式，由香格里拉市小中甸镇人民政府建设，郎洁家政代为运营，共配备两名管理人员，主要负责污水处理厂区运行维护。

2.2.6.3 技术工艺

小中甸镇污水厂采用CASS工艺，工艺流程如图2.17所示。

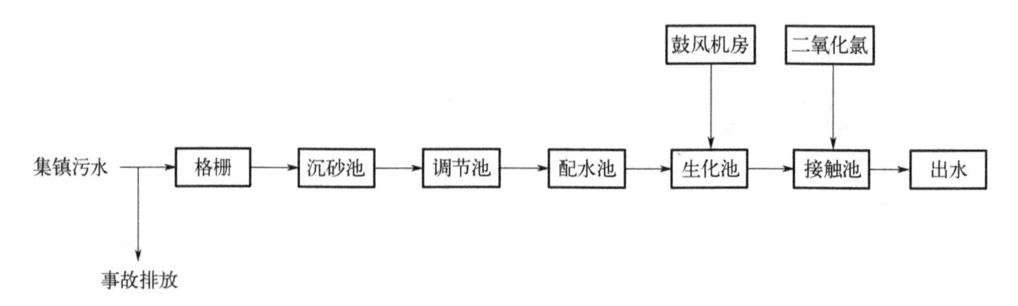

图2.17 小中甸镇污水处理厂工艺流程图

2.2.6.4 投融资情况及管理机制

污水处理站建设资金投入669.44万元，其中包含污水设备、土建及配套设施等建设内容，资金全部来源为省建制镇项目专项资金。污水厂运行维护无专项经费，与小中甸镇其他公共设施维护费打包共33万元，交付于郎洁家政进行清洁维护。污水管网年度运行维护总费用目前尚未入库。小中甸镇目前尚未建立污水处理收费机制。

2.2.6.5 综合评价

小中甸镇污水厂采用CASS工艺，简单可靠，建设运行费用低，控制系统简单，满足现状污水处理量需求，污水达标排放；但小中甸镇地处高寒坝区，年平均气温仅5.8℃，污水处理设施均未加盖，冬天生化池污泥活性降低，污水易结冰，污水厂难以正常运行；排水体制仍采用截留式合流制，雨季时易造成水体污染；管网配套相对滞后，支管尚未完善，污水收集困难，污水处理设施运行负荷率不足；未配备远程监控平台和专业的运维人员，故障处理不及时，影响设施运行效果；目前该镇尚未建立规范和统一的污水处理收费标准。

2.3　污水处理风险与问题

一区建制镇各地地形地貌、经济发展水平和气候条件千差万别，多数建制镇经济发展水平相对落后，主要存在的风险与问题介绍如下。

2.3.1　污水规划

建制镇规划是研究城镇未来发展、城镇的合理布局和综合安排城镇各项工程建设的综合部署，是一定时期内城镇发展的蓝图，是城镇管理的重要组成部分，是城镇建设和管理的依据，也是城镇规划、城镇建设、城镇运行三个阶段管理的龙头。根据调研，部分建制镇只是在总体规划上对污水规划简单地进行描述或对污水处理厂的位置进行了选择，缺乏对污水治理的专项规划。

2.3.2　设计阶段

（1）污水厂规模整体偏大。部分建制镇污水处理设施设计过程中未能因地制宜，照搬城市污水处理定额标准或采用户籍人口数据，造成建设规模偏大，污水处理设施建成后进水量不足。

（2）污水厂设计出水水质标准“一刀切”。部分建制镇在设计出水水质时未顾及地域不同和经济发展不平衡等差异性问题。

（3）污水处理工艺不合理。不少建制镇污水处理工艺种类繁多，运维管理难度大。长江上游建制镇污水处理设施运行专业人才缺乏和资金不足的情况，增加了污水治理工作难度。对于云南省小中甸镇、四川省川主寺镇等高寒高海拔的建制镇，其工艺选取上未充分考虑高寒、高海拔、低水温的情况，工艺路线仍依照常规流程执行，且污水处理设施均未加盖，冬季时水温过低，微生物无法生长，故污水厂无法正常运行。

2.3.3　建设阶段

（1）建设现状与建设目标存在差距。按照《“十三五”全国城镇污水处理及再生利用设施建设规划》《关于加快推进长江经济带城镇污水垃圾处理的指导意见》安排部署，2020年底长江经济带所有建制镇具备污水处理能力，基本实现干支流沿线建制镇污水全收集全处理的目标任务。从调研看，目前云南、贵州、四川三省生活污水未得到治理的建制镇分别占比28.6%、0.24%和12.20%，部分地区建设现状与建设目标存在差距。

（2）配套管网设施建设滞后。部分污水厂设计存在“重厂轻网”“重干管轻支管”现象，主要是支管网铺设进度较慢，导致污水收集率低。长江上游建制镇排水体制大部分为老城区采用截流式合流制，新建区采用分流制。截流式合流制虽然施工难度、拆迁与路面恢复工作量小，但对受纳水体和城镇景观影响较大；分流制排水体制虽然对受纳水体和城镇景观影响较小，有利于环境保护，但拆迁与路面恢复工作量大，施工难度高。在我国现行的相关规范中，已有明确的规定：新建成的城镇区域，宜采用分流制排水体系，旧的建成区，应逐步改造合流制排水体系为分流制系统。而考虑到建制镇人口少、规模普遍偏小、老城区管网复杂与资金制约等问题，老镇区要从目前的合流制，改造成为规划确定的分流制，还存在较大的难度，需要一定的时间跨度。

（3）污泥处置能力不足。目前长江上游建制镇能够有效处理污泥的污水处理厂较少，污泥处置能力不足，且普遍存在“重水轻泥”的认识误区。部分污水厂仍处于试运行阶段，来水量较少，产生的污泥量相对较少，暂未建设污泥处置设施；部分污水厂即使建有污泥处理设备，也可能因运行费用较高而难以正常运行。此外，多数污水处理厂中污泥的最终处置都是采用外运至垃圾处理厂进行填埋的方式，运输成本较高，且污泥未得到资源化利用。

2.3.4 运维阶段

（1）进水浓度整体偏低。长江上游地区建制镇污水厂进水浓度整体偏低，水质指标月平均浓度最低值集中在雨季，其原因主要有以下几点：①大部分老城区排水系统仍实行雨污合流制，雨天雨水进入合流制管渠，污水浓度被稀释。②收集的生活污水主要是洗澡、洗衣、冲厕用水，雨季时居民人均用水量较大，导致污染物浓度降低。③因管道断裂、塌陷、错口等结构性缺陷，地下水渗入污水管网内，污水浓度被稀释。进水浓度低导致污泥培养困难，后期碳源投加量大。④长江上游大部分建制镇仍保留化粪池，污水在化粪池中停留时间过长对水质也产生一定影响。

（2）部分建制镇污水处理设施运行负荷率较低。通过调研结果看，部分污水处理厂的设计水量与实际进水水量存在较大的偏差，长期处于低负荷运行状态，原因主要有以下几点：①部分建制镇设计规模偏大；②部分建制镇地形地势复杂、居住相对分散，导致排管困难；③污水收集管网建设不完善，主要是支管网铺设进度较慢，还存在混接漏接等问题，导致污水收集率低。

（3）缺乏专业运维人员。部分污水处理厂为政府自建运营模式，没有配备相应的专业人员；采取 PPP、委托营运等模式的项目，部分建制镇污水处理设施运营管理缺乏相应的专业管理人员，甚至只有当地镇区村民看守并运营管理，建制镇污水处理设施分布点多且分散，且大部分未设置远程监控系统，无法对污水处理效率、设备状况等问题进行有效的监控与处理。第三方基本上只负责污水厂内运营，不负责污水管网的运维，即“厂网分离”管理，影响污水处理厂运行效果。同时，管网由地方城管、住建、水务等多部门管理，没有专业的管理维护队伍，往往由下属事业单位临时抽调人员负责相应工作，还处于“应急抢救”式管理。

2.3.5　管理机制

（1）建设及运维资金短缺。建设资金和运营费用不足的问题突出。部分建制镇缺乏建设配套污水管网的资金，部分建制镇污水处理厂建成后因经费不足不能及时转运营或运行不正常。

（2）管理体制需进一步理顺。部分行业主管部门对建制镇污水处理设施的职责划分不清楚，缺乏相关管理制度。管理体制不顺易造成管理无序、管理脱节，使得工作推进中难以协调统一进行。

（3）污水处理收费制度仍未完善。大部分建制镇尚未建立规范和统一的污水处理收费标准，而部分地区已经建立了污水处理收费制度，但在执行上存在困难，已征收费用无法覆盖运营成本，运营费用仍需由地方政府补贴。

2.4　小结

长江上游地区受到经济发展、空间位置等方面的制约，污水收集处理能力相较二区和三区较为落后。一区建制镇污水的收集处理近年来取得积极进展，但污水处理能力相对其他两区仍然偏低，尽管部分建制镇建成了污水处理设施，但污水处理设施处于“晒太阳”状态或者建制镇污水处理厂不能正常运行，处于“吃不饱”状态，不能充分发挥设施的环保效益。三省都已制定建制镇污水专项规划，但尚未施行。设计规模整体偏大，管网建设尚未完善，污水厂运行负荷率较低，部分建制镇污泥未得到有效处置。设计出水水质一般按照《城镇污水处理厂污染物排放标准》（GB 18918—2002）排放，部分重点流域或敏感地区建制镇执行更高的排水标准。工艺种类繁多，高寒高海拔地区特殊建制镇技术工艺选择未考虑气候及地理环境的特殊性。污水厂和管网一般不是一体建设，污水处理设施运营模式主要分为政府自建运营和委托第三方运营两种模式，其中委托第三方运营占多数。运营维护缺乏专业的技术人员，故障处理不及时。管理机制不完善，绩效管理有待加强，建设运维资金短缺。对一区三个省的经验进行总结，相关建议如下：

（1）加快制定和完善污水处理设施建设专项规划。严格按照“先规划、再建设”的原则，全面尽快统筹做好建制镇基础设施建设总体规划和污水处理专项规划，突出前瞻性，进而引导各级政府制定切合本地实际及未来发展需要的建制镇建设规划，突出实施性和可操作性，形成上下统一、协调完善的建制镇基础设施建设规划体系，达到总体规划和专项规划相衔接，切实发挥规划的指导作用，提高项目前期工作水平，避免项目建设盲目性和低水平，提高污水处理设施项目建设质量。

（2）合理确定污水处理规模。结合建制镇实际污水处理量情况，参考各省用水定额、《室外给水设计标准》（GB 50013—2018）、《村镇供水工程技术规范》（SL 310—2019），取定恰当的用水定额及污水量。除经济发达、有工业园区规划或有旅游产业的建制镇人口采用规划人口外，其余建制镇采用镇区常住人口进行污水厂规模的计算。

（3）因地制宜确定出水标准。建议从经济条件、环境容量、技术水平、污水量等多维度进一步研究，因地制宜确定排放标准。对于经济技术条件成熟和受纳水体环境容量允许的地区，应鼓励先行先试，不断修改完善技术标准，积累实践经验。对条件尚不具备的地区，应基于其现阶段经济发展情况，结合当地水体环境容量，在环保政策允许的范围内因地制宜取用较低的排放标准。

（4）完善配套管网与污泥处置设施，推进污泥资源化利用。加大管网与污泥处置的投入力度，对于经济发展水平较为落后、排管困难的建制镇，可以通过分散式就地处理的方式减少管网敷设长度；因地制宜的结合当地条件选择排水体制，对经济发展水平相对落后的建制镇或老城区，更应考虑优先选择截流式合流制的排水系统。加强排水设施施工质量管理，避免错排漏排。并结合当地经济社会现状、不同脱水污泥属性，因地制宜完善污泥处置设施。对于没有经济技术能力进行污泥处理处置的建制镇，应定期托运至当地县市污水处理厂进行处理处置。完善建制镇污泥处理处置技术标准，推进污泥处理处置及资源化利用等关键技术的研发、示范和推广应用。对于污泥的处置方式，应根据污泥量、污泥性质、重金属含量等具体情况作具体分析，以选择该镇合适的处理方法，如农用、园林绿化、污泥堆肥等；同时，要考虑环境生态，经济效益，处理成本，技术发展趋势等因素，积极探索污泥处理的新方法、新技术、新工艺方法，如污泥制砖等。

（5）合理选择处理工艺。对于人口少、相对分散、用地受限、短期内集中处理设施难以覆盖的建制镇，其主体工艺可采用一体化处理设备。一体化处理设备具有占地小、建设周期短、运维成本低、操作管理方便等优点，但一体化设备厂家众多，缺乏统一标准和有效管理，设备参差不齐，设备稳定性及使用寿命有待考究，故应根据当地情况综合考虑后使用。如采用污水一体化设备，在调节能力足够的情况下，污水一体化设备的处理能力应按不低于最高日污水量予以复核。建制镇生活污水处理应根据排放要求、排放去向、处理规模、基础条件等选择技术成熟、稳定达标、运维简便、运行安全的组合工艺路线，优先选取低成本、低耗能、易维护的常规处理工艺，不搞“高大上”的复杂工艺；生物处理应该包括厌氧、缺氧、好氧三个时空阶段，可选择的工艺包括 A^2/O 及其变型工艺、MBBR、MBR 等，氮、磷的去除主要通过生物处理途径，在生物处理出水不能达标的情况下，宜结合化学除磷、生态处理等手段。对于高寒高海拔地区的气候地理特殊性，应优先选用 BBR 和 MBBR 等耐寒工艺，活性污泥或生物膜的培养宜在气温高的季节进行，污水处理设备及管阀宜设置于室内，否则应采取保温措施。

（6）多方筹措资金，加快处理设施与管网建设运维。各市（州）、县人民政府将乡镇生活污水处理设施建设运营经费纳入年度财政预算，落实财政预算保障，建立财政预算的长效机制。鼓励引导社会资本依法依规参与建制镇污水设施建设运行管理，签订定点帮扶的合作协议，采用投资、建设、管理一体化方式，加大对建制镇的技术支持。

（7）加强管理制度，完善污水处理收费制度。建制镇生活污水处理设施在建设过程中应充分考虑整体效益，坚持系统思考、科学统筹，结合实际摸索创新管理机制，明确行业主管部门职能，逐步理顺管理机制。完善协同配合机制，建立建制镇生活污水处理设施项目建设绿色通道，优化审批流程。各地抓紧编制建制镇污水处理设施建设实施专项方案，积极推进乡镇污水处理厂网一体化。公开招聘或借调专业技术人员，对专业技术人员进行培训，充实行业监管部门，提升对建制镇污水处理厂的监管能力。设施运营期内，建立建制镇污水治理季度（半年）考核机制，定期通报排名，对工作推进不力、项目落实缓慢的市（州）采取定点发函、通报、约谈、现场督导等方式。根据各建制镇发展水平和财力情况，建立污水处理收费机制和动态调整机制，解决污水处理设施运维资金的部分缺口。

第3章

长江中游（二区）建制镇污水收集处理调研

3.1 污水处理现状与特点

长江中游（二区）的建制镇污水收集处理状况较一区的要好，二区典型省份江西、湖北两省位于长江经济带中游，同属于以武汉为中心的长江中游城市群，地质及气候条件相似，地下水位高。其中，湖北省的武汉市是长江经济带核心城市，在我国区域发展格局中占有重要地位。

湖北、江西的建制镇污水处理基本情况如表3.1所示。

表3.1 湖北、江西基本情况表

指标	湖北	江西
建制镇/个	699	726
建制镇建成区面积/万公顷	21.96	14.76
建成区常住人口/万	848.88	587.11
污水厂/个	859	496
总设计规模/（万吨/天）	114.7	28.6
管网长度/km	11368	6375.42
总投资/亿	317	36

续表

指标	湖北	江西
设施覆盖率/%	100	68.6
污水处理率/%	75	59.2
运行负荷率/%	74	69.5
出水标准	一级 A	多样

注：数据来源于住建部 2020 年城乡建设统计年鉴及现场调研。

据湖北住建厅资料显示，自 2017 年以来，湖北省计划投资 309 亿元，实际完成投资 317 亿元，其中社会资本投入 150 亿元，省级债券投入 128.8 亿元，地方财政资金投入 38.2 亿元。开建乡镇污水处理项目 996 个，建成乡镇污水处理厂 859 座，新建主支管网总长 11368km，接户 218 万户，污水处理总设计规模 114.7 万吨/天，出水水质标准为一级 A 标。2021 年 1—9 月，全省乡镇污水处理管网普及率达到 90%以上，污水收集率达到 80%以上，污水处理率达到 75%以上，污水厂负荷率达到 74%。此外，在“厕所革命”工程建设中，湖北省累计投入 128.4314 亿元，共完成农户无害化厕所 375.9 万户，全省建制镇生活污水处理设施实现全覆盖。

江西省先后于 2015 年、2016 年启动了推进百强中心镇、鄱阳湖沿岸试点镇、重点镇及重点流域沿岸建制镇生活污水处理设施建设运行，实现“量和质”的双提升双突破。据江西省住建厅提供的资料显示，截至 2021 年 9 月，江西省有 723 个建制镇，建制镇建成区面积 14.76 万公顷，建成区常住人口 587.11 万人，有 496 个建制镇生活污水处理设施已建成并运行，总规模为 28.6 万吨/天，覆盖率达 68.6%。建成镇区排水管网 6375.42km，管网建设总投资超 30 亿元；已建成的生活污水处理设施基本投入运行，污水处理率为 59.2%，运行负荷率为 69.5%。可以看出，湖北省近几年投入大，已完成建制镇污水处理设施全覆盖，江西省部分建制镇污水处理能力仍较为薄弱。

3.1.1 污水规划

从省级层面看，湖北省住建厅、湖北省发改委印发了《湖北省“十三五”城镇污水处理及再生利用设施建设规划》，要求到 2020 年底全省乡镇生活污水治理全覆盖，形成设施完善、管网配套、在线监测、运行稳定的乡镇生活污水治理工作体系，生活污水处理率大于 75%。2020 年，湖北省住建厅、生态环境厅、发改委联合发布《湖北省城镇污水处理提质增效行动实施方案》。根据方案，到2021年，全省地级以上城市建成区基本无生活污水直排口，基本消除城中村、老旧城区和城乡结合部生活污水收集处理设施空白区，城市生活污水集中收集效能显著提高；各设市城市生活污水集中收集率力争达到70%或在2018年基础上提高10个百分点以上，全省城市生活污水处理厂平均进水生化需氧量（BOD）浓度达到80mg/L以上。

江西住建厅按照“尽力而为、量力而行、先点后面、解决有无”的原则，先后推进百强中心镇、鄱阳湖沿岸试点镇、重点镇及重点流域沿岸建制镇生活污水处理设施建设运行。江西省于2015年印发了《江西省百强中心镇污水处理设施建设及工程运行实施方案》，部署全省百强中心镇120个建制镇污水处理设施建设工作。2016年印发了《关于推进鄱阳湖沿线小城镇污水处理项目建设实施方案》，推进鄱阳湖沿线20个试点建制镇污水处理工作。2020年5月，江西住建厅印发《关于进一步推进建制镇生活污水处理设施建设和运行管理的通知》，指导各地分类梯次推进建制镇生活污水处理设施建设运行。要求重点镇2020年年底前全面建成生活污水处理设施，其余未建设施的建制镇制定计划、有序推进生活污水处理设施建设。为进一步完善建制镇生活污水处理管理机制，推进设施建设运行，江西省依托美丽乡镇建设五年行动制定污水垃圾专项方案，目前该方案正在征求意见。

从镇级层面看，根据调研，湖北省、江西省部分建制镇只是在总体规划上对污水规划简单地进行描述或对污水处理厂的位置进行了选择，缺乏对污水治理的专项规划。

3.1.2　设计阶段

在设计阶段，主要涉及五方面内容：污水厂规模、设计水质、处理工艺、污泥及管网。

3.1.2.1　污水厂规模

（1）规模区间分析

首先看湖北省相关情况。据统计，截止到2019年年底，湖北省建制镇736个污水项目中，除去仅新增管网的59个项目，涉及厂区项目为677个。针对677个建制镇污水厂项目规模进行分析，各种规模占比如图3.1所示。

可以看出，湖北省建制镇污水处理厂中10.34%的厂站规模小于500m^3/d，5000m^3/d及以上的污水厂站占比为6.79%，而82.86%的厂站规模介于500～5000m^3/d。从厂站规模角度分析，小规模及大规模污水厂数量占比小，中等规模污水厂站占比大。

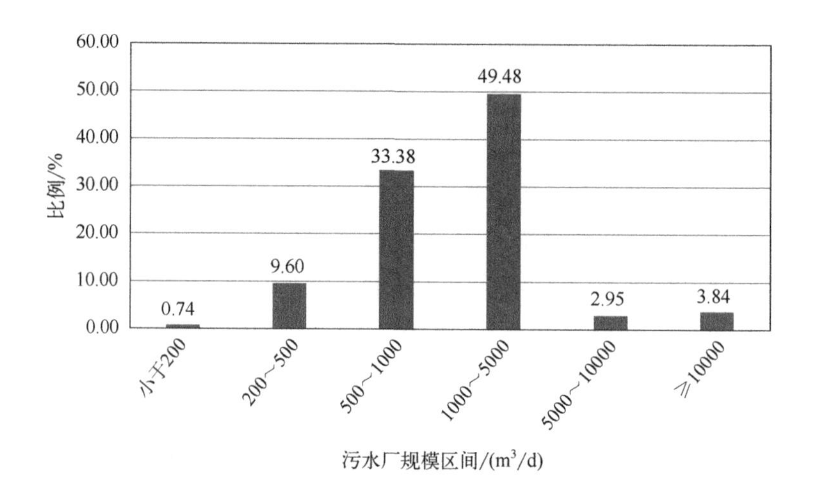

图3.1 污水厂规模分布比

再看江西省。江西省在已建成生活污水处理设施的496个建制镇中，有46个建制镇纳入城镇污水处理系统，有450个建制镇单独建设了生活污水处理设施。针对这450个污水厂设计规模进行统计，其结果如图3.2所示。

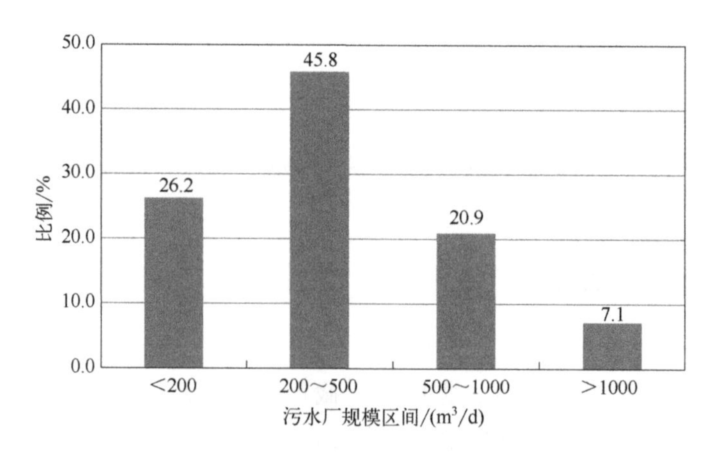

图3.2 江西省建制镇污水厂规模分布比

这450个建制镇污水处理厂中，设施规模在200m^3/d以下的有118个，占比26.2%；设施规模200～500m^3/d的有206个，占比45.8%；设施规模500～1000m^3/d的有94个，占比20.9%；设施规模1000m^3/d以上的有32个，占比7.1%。由分析可见，江西省建制镇生活污水处理设施规模大部分在集中在200～500m^3/d之间。

通过对比可以看出，湖北省建制镇中等规模污水厂（500～5000m^3/d）占比大，而江西省建制镇中小规模污水厂（200～500m^3/d）占比大。

（2）规模设计依据分析

目前，建制镇污水厂设计主要依据有《镇（乡）村排水工程技术规程》（CJJ 124—2008）及《室外给水设计标准》（GB 50014—2021）。一般根据镇区总规、现状人口，并考虑一定的人口增长率，进行近远期人口预测，得到预测人口。由于长江中游（二区）地表水资源丰富，且先后开展了厕所革命，生活用水定额一般取100～120L/人·d，同时考虑到各乡镇经济的发展，工业企业用水量取生活用水量的一定百分比，得到生活用水量。根据用水量预测污水量，从而确定污水处理厂工程规模：各乡镇生活污水量按生活用水量的折污系数进行折算；由于二区地下水水位高，一般会考虑地下水渗入量；再结合乡镇污水管网收集率最终得到污水厂规模。

3.1.2.2　设计水质及排放口

设计水质包括进水水质及出水水质。对无工业园区的建制镇而言，进水水质主要与城镇性质及经济水平有关，长江中游（二区）设计进水COD一般取200mg/L左右，NH_3-N一般取20～30mg/L，TP取3mg/L左右，如表3.2所示。

表3.2　部分建制镇污水处理厂设计进水水质　　单位：mg/L

厂名	COD_{Cr}	BOD_5	SS	NH_3-N	TP
竹溪县城镇污水厂	280	150	334	30	3
兴山县南阳镇污水厂	180	100	145	20	4
秭归县屈原镇污水处理厂	250	120	250	30	3.0
宜昌沙溪镇污水处理厂	210	110	240	30	3.0
黄冈红安9个乡镇污水处理厂	230	130	150	30	3.0

续表

厂名	COD_{Cr}	BOD_5	SS	NH_3-N	TP
南昌进贤李渡镇污水处理厂	100～300	—	—	20～30	1.0～3.0
九江湖口均桥镇污水处理厂	350	200	200	25	5

出水水质湖北省采用“一刀切”形式，均为一级 A 标，而江西省大部分建制镇生活污水根据受纳水体的环境容量，按照城镇污水排放标准一级 A 或一级 B 排放，也有部分采用农村污水排放标准。以上标准要求如表 3.3 所示。

表 3.3 污水排放标准 单位：mg/L

主要指标	《城镇污水处理厂污染物排放标准》（GB 18918—2002）				《江西省农村生活污水处理设施水污染排放标准》（DB 36/1102—2019）		
	一级 A	一级 B	二级	三级	一级	二级	三级
化学需氧量（COD）	50	60	100	120	60	100	120
生化需氧量（BOD_5）	10	20	30	60	—	—	—
悬浮物	10	20	30	50	20	30	50
氨氮	5（8）	8（15）	25（30）	—	8（15）	25（30）	25（30）
总氮	15	20	—	—	20	—	—
总磷	0.5	1	3	5	1	3	—

根据调研反馈，二区建制镇生活污水处理厂入河排放口按照环保法律法规要求规范设置，并由环保部门开展检查和监督性检测。调研情况反馈，污水排放口审批流程复杂，周期较长。

3.1.2.3 污水厂工艺及形式

（1）工艺集中度

湖北省以县（区、市）为单位，现有的 736 个建制镇污水厂分属于 85 个县（区、市）。对以县（区、市）为单位的工艺应用类型进行统计，结果见图 3.3。从图中可以看出，39 个县（区、市）仅采用了 1 种污水处理工艺，占比 45.88%，29 个县（区、市）采用 2 种工艺，占比 34.12%，有 10 个县（区、市）采用了 3 种工艺，占比 11.76%，7 个县（区、市）采用了 4 种工艺，占比 8.24%。

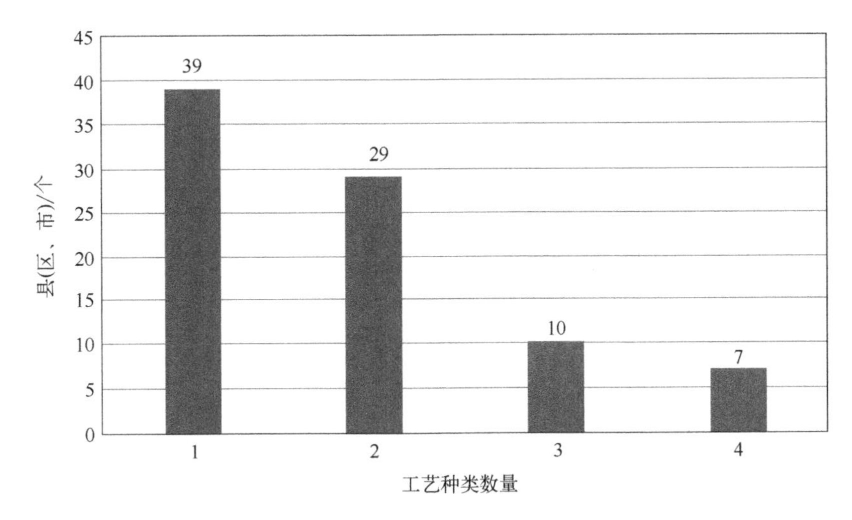

图 3.3　湖北省建制镇污水处理厂工艺种类统计图

针对采用 3 种及 4 种工艺的 17 个以县（区、市）为单位的建制镇进行进一步分析，其中以县（区、市）为单位包含 8 个及以上建制镇的有 8 个。如有以县（区、市）为单位包含 19 个建制镇污水厂站，其中含有 3 种工艺；有以县（区、市）为单位包含 13 个建制镇污水厂站，其中含有 3 种工艺；有以县（区、市）为单位包含 14 个建制镇污水厂站，其中含有 4 种工艺等。据此可以得出，湖北省以县（区、市）为单位，工艺较为集中，便于后期运行管理。

从江西省调研情况反馈，江西省内部分市（县）建制镇污水处理设施实现区域打捆，统一建设运营的模式，如湖口县内建制镇采用同一技术工艺。江西省内也存在部分市（县）为实现统一规划、建设、管理，因此采用不同技术工艺的情况。

（2）工艺类型

针对湖北省 677 个建制镇污水厂的工艺进行归纳总结，可分为以下几种：①约 80%的厂采用活性污泥法+深度处理工艺，活性污泥法中约 76%的采用 A^2/O 工艺；②约 20%的厂采用生物膜法+深度处理，采用较多的生物膜法为生物接触氧化及生物转盘。统计显示，这 677 个建制镇污水厂中，采用一体化设备的厂站为 81 个，比例约为 12%，较其他省份比例偏低。一方面是因为湖北的建制镇污水厂规模整体偏大；其次，一体化设备厂家众多、质量参差不齐，考虑到维保等，湖北使用一体化设备较为审慎。采用一体化设备的81个厂站中，最小规模为100m³/d，最大规模为50000m³/d，其中规模不大于1000m³/d的厂站为61个，占采用一体化设备总厂站数的75.31%，从规模角度分析，一体化设备在小规模厂站中占比大。

江西省450个单独建设生活污水处理设施的建制镇，采用了以下4种工艺：生物膜法，活性污泥法，人工湿地、氧化塘和其他工艺。对450个已建建制镇污水处理项目所使用技术工艺进行统计，其分布比如图3.4所示。

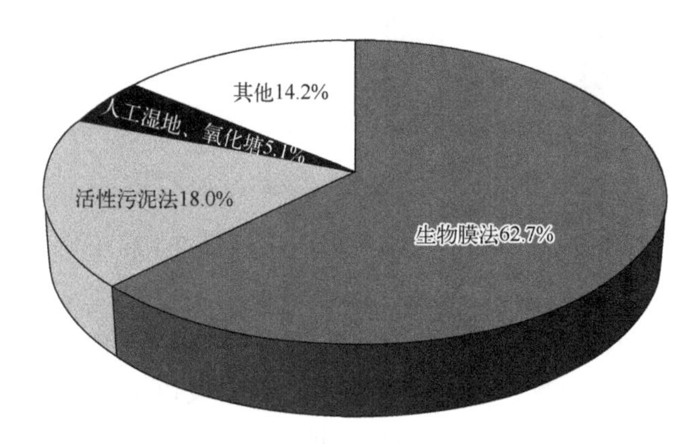

图3.4 江西省建制镇污水厂技术工艺分布比

江西省超过一半的建制镇污水处理设施采用生物膜法，共282个，占比62.7%。其中有71个建制镇污水处理设施采用生物接触氧化、生物转盘、生物流化床等，占比15.8%。优点是处理效果好、投资费用省、能耗低、运行费用较低、维护管理简便。缺点是污染负荷较低、占地面积大、设计不当容易堵塞、易污染地下水。有211个建制镇采用膜处理反应器系统，占比46.9%，建制镇生活污水处理设施采用的膜生物反应器系统大致有FMBR兼氧膜系统、MBR系统及其他变型膜生物反应器系统。其优点是结构简单、占地面积小、建设周期短、剩余污泥量少。不足是造价较高，除磷效果一般，膜组件易受污染，使用寿命有限，运行费用高。

江西省有81个建制镇采用常规工艺+A^2O处理生活污水，占比18%。该工艺优点是技术成熟，运行稳定，缺点是占地面积大，对运行管理人员要求较高。

江西省有 23 个建制镇采用人工湿地、氧化塘后接深度处理的方式处理建制镇生活污水，占比 5.1%。该工艺优点是结构简单、投资成本低、无能耗或低能耗、维护管理方便。缺点是负荷低、占地面积大，水体污染物浓度过高时会产生臭气和滋生蚊虫。各工艺各有优缺点，总体上都符合环保部门达标排放要求。

（3）污水厂形式

根据上述分析，湖北江西均因地制宜采取了不同的污水厂形式。总体来看，湖北省建制镇污水厂中等规模居多，较多厂站采用了传统钢筋混凝土形式的污水厂，而江西省大部分厂站规模偏小，较多采用了一体化设备形式。根据调研反馈，考虑到污水厂的运行稳定性、自主性等，污水厂规模在 1000m^3/d 以上一般采用传统土建形式；规模介于 500～1000m^3/d，两种形式均有采用；规模小于 500m^3/d，采用一体化设备形式较多。两种污水厂形式各有优缺点，见第 2 章表 2.9。

3.1.2.4　污泥处理

湖北省部分建制镇采用传统污水厂模式，设置污泥脱水装置，有部分厂以县（区、市）为单位，设置一个中心厂，其他周边的分厂一般用专用设施吸取污泥，运送至中心厂（有污泥处置设施的建制镇污水处理厂）统一处理。

相比而言，江西省绝大多数建制镇生活污水处理厂没有设置污泥脱水装置，原因是有近 1/3 的污水处理厂采用了产泥量少的膜处理装置。而针对产生的少量剩余污泥，一般一年用专用设施吸取污泥一两次，运送至城镇污水处理厂或由污泥处置设施的建制镇污水处理厂统一处理。

3.1.2.5　污水收集管网

长江中游（二区）的湖北与江西，经济水平较为发达的建制镇区域新建管网采用雨污分流的排水体制，条件受限制的地区仍利用镇区原有排水管道收集污水，并因地制宜逐步实施雨污分流改造。

湖北省在管网规划设计阶段，基本按照厂网一体模式设计。江西省部分采用 PPP 模式的建制镇污水管网也采用厂网一体化设计，但大部分区域仍是厂网分离设计，详见 3.1.3 节。

3.1.3 建设阶段

3.1.3.1 建设概况

湖北省建设乡镇污水处理项目 996 个，建成乡镇污水处理厂 859 座，新建主支管网总长 11368km，污水处理总设计规模 114.7 万吨/天。江西省 496 个建制镇生活污水处理设施已建成并运行。建成镇区排水管网 6375.42km。

截止到 2019 年年底，湖北省 736 座建制镇污水项目中，项目类型及比例如图 3.5 所示，其中有 4 个新建/厂网同建项目暂未实施，1 个建制镇污水纳入城区污水厂。从图中可以看出，76%的项目类型为厂网同建的新建工程。

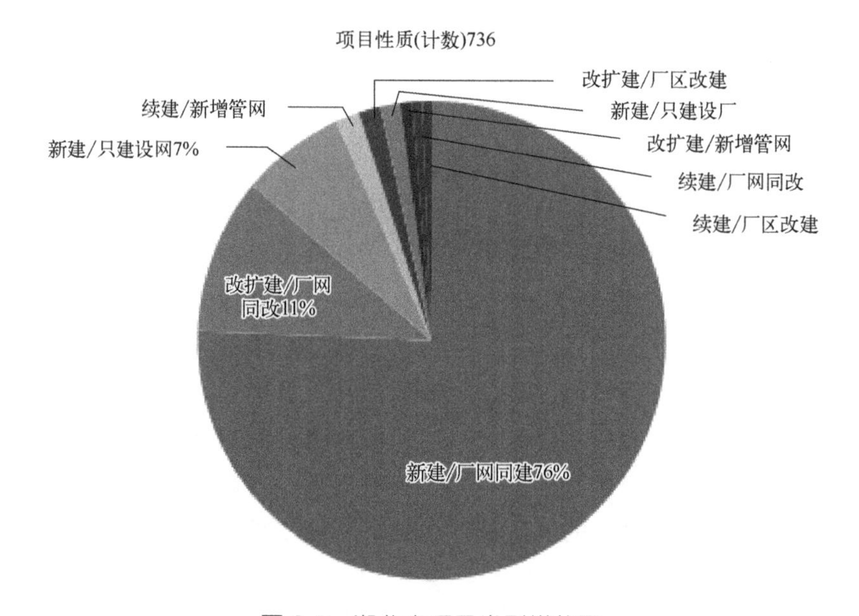

图 3.5 湖北省项目类型饼状图

再看江西省，江西省大部分建制镇按照“尽力而为、量力而为、先点后面、解决有无”的原则，先建设污水处理设施和污水主干管，再根据镇区人员分布，逐步加密、延伸污水支管。江西省自 2015 年启动建制镇生活污水处理设施建设起即采用厂网一体建设，前期建设终端设施及主管网，后期逐步完善镇区排水管道。也有的一次性建设完成设施及配套管网，比如九江市德安县将建制镇污水纳入集镇改造，与开挖路面同步铺设管道，实现生活污水全收集全处理。

3.1.3.2 建设程序

污水处理设施建设审批手续流程中涉及发改委立项，生态环境局环评，自然资源局选址，土地报批，住建局施工许可、招投标，第三方地勘图审等，项目手续审批烦琐。

3.1.3.3 建设模式及成本

统计显示，2017年以来，湖北省共建设996个乡镇生活污水治理项目，在这个建设过程中，湖北及时出台工作意见、工作指南、PPP操作指引、工程质量常见问题防治手册等一系列政策指导文件用来加强项目建设指导，计划投资309亿元，实际完成投资317亿元，其中社会资本投入150亿元，省级债券投入128.8亿元，地方财政资金投入38.2亿元。全省83.7%的项目采用PPP模式建设，16.3%的项目采用政府直接投资（包括工程总承包、施工总承包等）模式建设。其中，800座乡镇生活污水处理厂纳入省住建厅日常监管，其他乡镇生活污水纳入城区污水处理厂或工业污水处理厂处理，总设计规模114.7万吨/天，新建主支管网11368km，接户218万户。污水厂吨水实际建设费用及每公里管网实际建设投资费用见图3.6及图3.7。

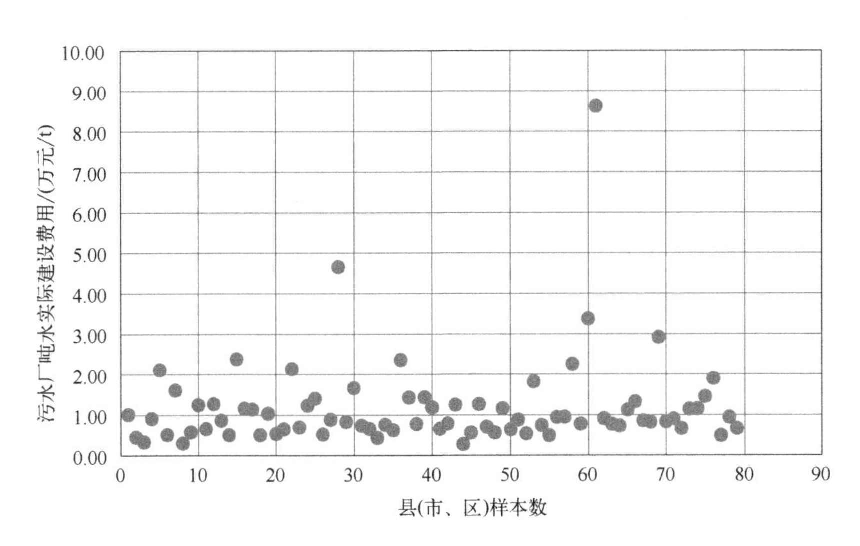

图3.6 湖北省污水厂吨水实际建设费用

数据来源：湖北省住建厅

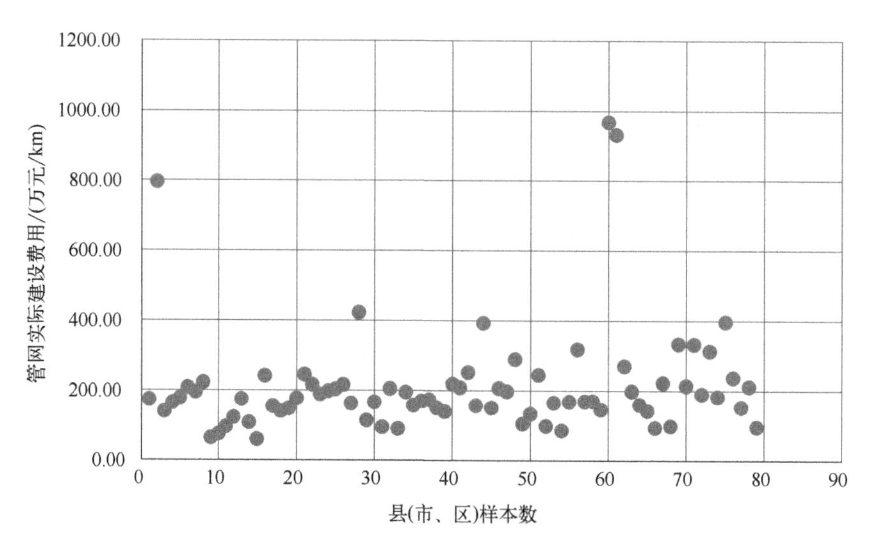

图 3.7 湖北省管网实际建设费用

数据来源：湖北省住建厅

经测算，湖北省平均投资成本 3.35 万元/t（含管网投资），其中污水厂平均吨水建设费用 1.18 万元，投资成本较高的为梁子湖区，9.44 万元/t，投资成本较低的为宜昌市点军区，1.11 万元/t。管网实际建设平均费用为 212.68 万元/km。

相比较而言，江西省建制镇污水收集处理项目建设资金来源大多为市县自筹，中央和省级财政对生活污水处理资金补助主要用于村庄和城镇（未含建制镇），建制镇设施建设因资金问题推进有一定难度。2015 年，江西省住建厅部署全省百强中心镇污水处理设施建设工作，省财政安排 3.16 亿元“以奖代补”专项资金，支持百强中心镇生活污水处理设施建设运行。2016 年，江西省按照“县镇主体、市场运作、部门指导、财政支持”思路，推进鄱阳湖沿线 20 个试点建制镇污水处理工作。省财政共安排了 6000 万元“以奖代补”专项资金，支持鄱阳湖沿岸试点镇生活污水处理设施建设运行。为落实“水十条”相关要求，加快推进重点镇及长江鄱阳湖沿岸建制镇生活污水处理设施建设，2020 年专门安排 2300 万元对 10 个重点镇及 6 个长江、鄱阳湖沿岸建制镇生活污水处理设施建设予以奖补，安排 3322 万元对已建成生活污水处理的 344 个建制镇生活污水处理设施运行予以奖补。除生活污水纳入城镇污水处理厂处理的建制镇外，江西省目前建设模式主要有两种：一种是以建制镇为单位，由建制镇自筹资金建设；另一种是以县域为单位，采取PPP等市场模式，统一由专业企业负责建制镇生活污水处理厂建设。

综上，湖北超80%以上采用了PPP模式，但江西省建制镇自筹资金建设及PPP模式均大量存在。据调研，建制镇自建模式的优点是资金投入少，可分期建设，缺点是专业技术力量缺乏，建设标准不高，后期运行维护不专业。PPP模式的优点是建设标准高、建设周期短，配套管网完善，缺点是投融资压力大。

3.1.4　验收及移交

在建制镇污水处理设施建设的验收和移交过程中，湖北省具有较为先进的管理办法。湖北省制定了严格的工作验收政策，涉及工作考核办法、工作验收暂行办法、验收手册，省住建厅联合省生态环境厅对全省有乡镇生活污水治理任务的97个县（市、区）逐一评估验收。湖北省大部分为PPP模式，规定项目建设单位做好项目建设过程中文字、图表、照片、音像、电子文件材料的收集归档工作，确保项目档案的完整、准确、系统。项目竣工后及时完成档案材料的整理、报送。项目分阶段建设，或者由不同的主体分工完成时，所有参建单位均应按要求把各个阶段的工程原始资料、施工图纸、工程监理文件、工程施工文件、工程竣工验收文件、竣工图纸等相关资料整理归档。竣工资料纸质版必须与项目现场标识、上传到省信息平台的电子版完全一致。工作验收以县（市、区）为单位进行，未进行工作验收或验收未通过的项目，由省住建厅定期通报并限期整改。项目竣工验收后，建设单位及时向行业主管部门、建设管理单位和运维责任单位做好档案移交，为后续运维管理提供依据。

乡镇生活污水处理厂进入商业运营的条件以合同约定为准。合同未约定或约定不清晰的，可参照以下条件，结合实际情况对合同进行修订。

（1）完成工程竣工验收，并完成备案。完成竣工环保验收，验收结论合格，公示期结束。

（2）连续30天内日均进水COD浓度大于100mg/L的天数超过80%，污水厂日平均负荷率达到60%，出水水质达标排放。

（3）对单个污水厂和配套管网进行评判，达到进入商业运营基本条件的，需由运营单位向乡镇生活污水治理责任部门提出申请，并审批通过。

3.1.5 运维阶段

3.1.5.1 运维概况

据统计，2021 年湖北省 82 个县（市、区）转入商业运营阶段。748 座污水厂采用 PPP 模式运营，占比 93.5%；38 座污水厂由县级委托相关单位运营，占比 4.75%；14 座污水厂由乡镇负责运营，占比 1.75%。管网方面，8 个县（市、区）管网由乡镇负责运维外，其余县（市、区）已实现厂网一体运维。

据初步统计，预计 2021 年湖北省乡镇污水处理设施运维总费用 219649 万元，其中纯运营维护费用 76567 万元（污水厂 55310 万元，管网 21256 万元），偿还社会资本方建设成本 143082 万元。各地支付运维费用主要依靠财政资金和征收污水处理费，2021 年，省级安排运营奖补资金 5 亿元，预计征收污水处理费 1 亿元（1、9 月已征收 9154 万元），剩余约 16 亿元由各地政府财政资金保障。污水厂运营方面，湖北省 2021 年乡镇生活污水厂平均吨水处理成本见图 3.8，主支管网单公里运维成本见图 3.9。全省污水厂平均处理成本 2.21 元/t，其中阳新县龙岗镇采用 A^2O 污水处理工艺（活性污泥法），处理成本较低，为 0.68 元/t；天门市胡市镇采用 CWT 污水处理工艺（生物膜法），处理成本较高，为 8.38 元/t。管网运维方面，全省主支管网运维成本平均为 1.4 万元/年 • 公里，其中较低的是咸安区 0.42 万元/年 • 公里，较高的是通山县 2.2 万元/年 • 公里。

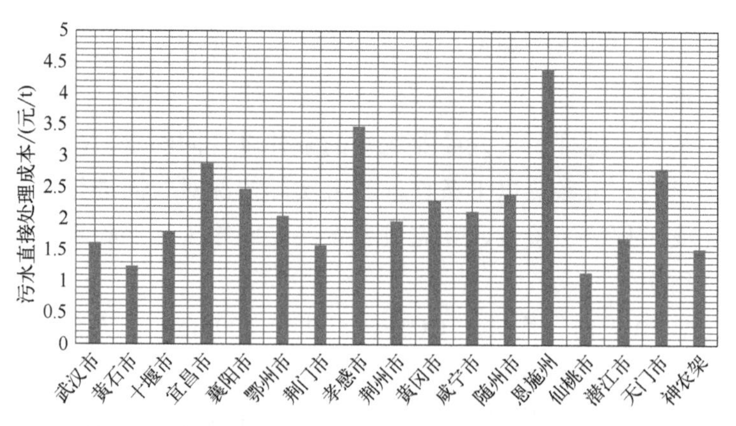

图 3.8 湖北省 2021 年乡镇生活污水厂处理成本图

数据来源：湖北省住建厅

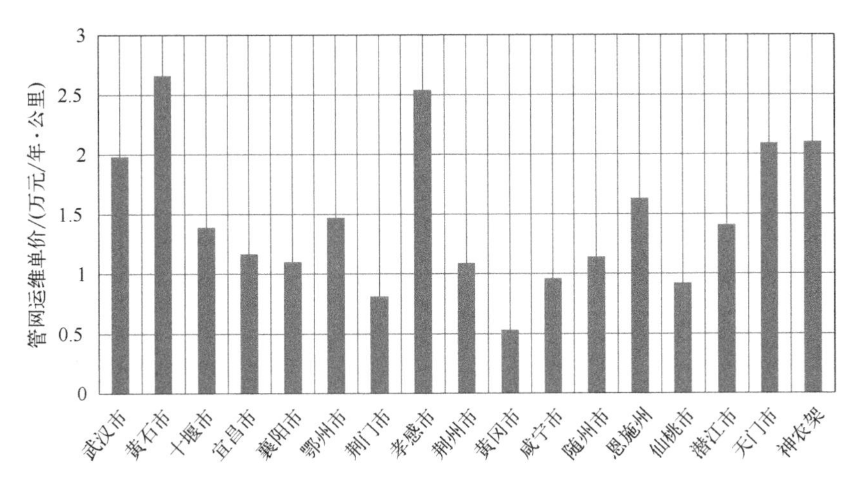

图 3.9　湖北省 2021 年污水主支管网单公里运维单价图

数据来源：湖北省住建厅

据调研反馈，目前江西建制镇生活污水处理厂的运行维护模式大体分为两种，一种是由建制镇政府负责运行维护，另一种是由第三方进行运行维护。由建制镇政府负责运营维护管理的，均明确了分管领导和污水处理厂运行负责人，负责厂区设备日常运行、安全管理及应急处置等，并按要求建立运行台账，当巡检发现厂区设备故障时，与厂家联系派请有关维修人员进行维修。第三方运行维护一般采取政府购买服务的方式，由县政府统一交由企业负责运营管理，配备专业运维人员，及时发现问题解决问题。江西省建制镇生活污水处理未收费，污水处理的平均成本约 0.5～2.2 元/t（不含人工费和更换设施费）。

3.1.5.2　运维政策

为加强运营保障，湖北省从 2020 年进入运营期开始，连续三至五年每年安排 5 亿元资金奖补，先后出台了乡镇生活污水处理设施运营维护管理、资金奖补、收费标准、污水治理工作知识问答、运营维护管理工作指南等系列通知指南，指导各地规范污水处理设施运维管理。乡镇生活污水处理设施运行经费由县级统筹承担，不得由乡镇分别与运维主体签订运营合同。乡镇生活污水处理费征收要全覆盖，实行“收支两条线”管理，不足的运行经费缺口由县级人民政府列入财政预算。省住建厅、省生态环境厅、省财政厅每年组织考核评估，根据考评结果予以奖补。

按照“省级组织、市级推动、县级实施”的责任体系，建立完善乡镇生活污水处理设施运营维护管理的长效机制，各市（州）人民政府负责统筹协调、检查督办。其中县级人民政府是乡镇生活污水治理工作的责任主体，具体负责组织实施。各级人民政府要将乡镇生活污水处理设施运营管理列为污染减排考核重要评价内容，签订目标责任书，强化工作责任。对履职不到位、运营管理状况不佳的，定期上报省政府，对市（州）、县（市、区）人民政府主要负责人实施约谈问责。

乡镇污水厂日常运行有四个要求：①达标排放。出水水质达到一级 A 标准。②持续运行。乡镇生活污水处理厂应当保持连续运行，不得擅自停运。③在线监测。严格落实进水 COD、流量、pH，出水 COD、氨氮、 总氮、总磷、pH、流量等 9 项指标实时在线监测。④绩效评价。按照月度小考核，季度中考核，半年或年度大考核频次，根据项目产出要求开展考核，确保按效付费。

江西省省级层面同湖北省一样，也由省住房和城乡建设厅负责建制镇生活污水处理工作。但市级层面与湖北不同，有 2 个市由城管部门负责，其余 9 个市由住建部门负责。县级层面，根据当地政府根据职能分工，自主安排责任单位，大多数为住建、城管部门，其余还有生态环境部门、水利部门、农业农村部门等。

3.1.5.3 运维模式

综上，长江中游（二区）湖北江西建制镇污水厂运行模式主要有三种：PPP 模式运营、县级委托直属单位运营、乡镇负责运营。运维模式比较如表 3.4 所示。

表 3.4 长江中游（二区）污水厂运维模式比较

<table>
<tr><th colspan="2">管理模式</th><th>建设资金来源</th><th>运行成本</th><th>优劣比较</th></tr>
<tr><td colspan="2">乡镇负责运营</td><td>中央项目资金及地方配套</td><td>低</td><td>建设资金地方财政负担较大，运行成本最低，但缺乏专业管理人员，管理不规范，污水处理效果差</td></tr>
<tr><td rowspan="2">第三方运营</td><td>县级委托直属单位运营</td><td>中央项目资金及地方配套</td><td>中等</td><td>建设资金地方财政负担较大，运行成本相对较低，管理规范，污水处理效果较好</td></tr>
<tr><td>PPP 模式</td><td>PPP 模式融资</td><td>高</td><td>建设资金地方财政负担小，但后期运维地方财政压力大，运行成本高，管理较规范</td></tr>
</table>

管网运维分为厂网一体化及厂网分开运维两种，总体而言，厂网一体化运营出现问题可及时找到原因，便于管理、是今后发展的一个方向。

3.1.6　管理机制

湖北省规定：责任方面，乡镇污水处理责任主体为县级政府，县域整体推进，“建管一体”；运行机制方面，政府主导、高位推动是前提，市场运作、建管一体是关键，厂网一体、优选工艺是基础，以奖代补、在线监测是保障。同时，省级层面加强巡查督导，组建专家团队提供技术咨询服务，还积极协调各方面资源全力推进乡镇污水处理体系的规范建设。

湖北省建立了乡镇生活污水治理大数据管理系统，所有乡镇污水处理厂从建设进程到运行管理实现在线监测，省、市、县联通，各部门共享。2017年6月起开始搭建乡镇生活污水治理信息平台。在建设期，所有的管井、管网建设实现GPS坐标定位，信息系统自动生成实际建设图，同施工图进行对比，评价工程设计落实情况。每个关键工序持牌验收，建立了工程质量全程可追溯机制，信息平台现有各阶段进度照片信息4000万张，让污水处理厂和管网建设时刻处在一片“阳光”下、一个标尺上。运行阶段，对全省所有乡镇生活污水处理项目实施在线监测，定期发布监测结果。省住建厅负责省级乡镇生活污水治理信息管理平台建设管理。各市、州、县乡镇生活污水治理责任部门负责指导本级在线监测设施建设管理，并向省级平台提供实时在线监测信息。省生态环境厅负责对污水处理厂进水、出水水质达标排放情况进行监督管理。乡镇生活污水厂应设置2个接入省信息平台的视频监控摄像头，监控区域覆盖生物处理单元、出水在线监测仪表间。当生物处理单元为全封闭一体化设备时，则须在出水巴氏计量槽上方设置监控摄像头。污水厂站进水监测包括COD、pH值、流量3项指标，出水监测包括COD、氨氮、总氮、总磷、pH值、流量6项指标，定期公布监测结果，接受社会监督，并以此为依据进行考核。

县（市、区）乡镇生活污水治理责任部门：负责乡镇生活污水处理设施运营维护监督管理，定期对第三方运维单位开展绩效考核工作，月度小考核，季度中考核，半年或年度大考核。明确每次绩效考核结果应用方式，确保按效付费。具体绩效考核与付费方式由各县（市、区）根据运维合同，结合实际情况，研究确定。考核要求不应低于省乡镇生活污水治理信息系统中考核要求。县（市、区）财政局：负责乡镇生活污水处理设施运营维护资金的预算安排、拨付和资金使用去向监管。县（市、区）生态环境局：负责环境污染防治监管，及时处理各类企业不达标污（废）水排入乡镇生活污水管网及处理系统事件；制定具体工作方案，定期、不定期对处理设施的水质进行监督；监督、管理第三方水质监测机构工作；对水质处理情况进行评价，并及时报送乡镇生活污水治理行业主管部门。其中，乡镇生活污水治理运营维护绩效考核中，省住建厅、省财政厅、省生态环境厅等有关部门要根据各自职能，加强服务指导、督办考核工作。县（市、区）乡镇生活污水治理责任部门负责乡镇生活污水处理设施运营维护监督管理，定期对第三方运维单位开展绩效评价工作，实行“月度小考核，季度或半年度中考核，年度大考核”三级考核频次。

绩效评价坚持客观公正、科学合理、公开透明、实事求是原则，采用定量与定性分析相结合的方法，通过案卷研究、实地调研、座谈会及问卷调查等方式开展。县（市、区）乡镇生活污水治理责任部门根据当地财政实力选择是否聘请第三方专业机构开展绩效评价工作。绩效指标是反映绩效目标的关键要素，由一级、二级、三级绩效评价指标构成。

（1）月度小考核

对月度小考核提出一、二、三级指标参考意见，主要考核污水处理厂运行情况、管网维护管理情况以及运营方履职情况等指标，各县（市、区）可在此基础上对三级指标进行优化。月度考核工作开展方式以信息化手段为主。绩效评价指标见表 3.5。

表 3.5 乡镇生活污水治理项目运营期月度小考核绩效评价指标

一级指标	二级指标	三级指标
项目产出（75 分）	污水处理厂运行情况（40 分）	厂容厂貌、噪声、臭气
		处理水量、负荷率情况
		进出水水质及在线监测情况
		污水、污泥处理设备运转情况
		污泥处置情况
	管网维护管理情况（35 分）	管网（含提升泵站）日常巡检、检修等情况
		管网排查、清淤等情况

续表

一级指标	二级指标	三级指标
项目管理(25分)	运营方履职情况（25分）	是否制定了项目公司（运维公司）财务报表、实际运维成本分析报告
		评价项目各类台账是否健全（污水厂设备运行台账、进出水水质台账、污泥处理处置台账、管网日常巡检台账等）
		管网日常管理是否按照管网运维管理制度执行
		档案管理
		安全培训管理
		应急演练情况
		运维管理制度建设及落实
		通报、督察、考核意见整改落实情况

注：数据来源于《湖北省乡镇生活污水治理设施运营维护管理工作指南（试行）》。

（2）中考核和大考核

仅对一级、二级指标提出参考意见，详见表3.6。三级指标由各绩效评价实施部门在一级、二级指标基础上结合项目实际情况提出。绩效指标要会同本级财政、审计、生态环保、发改等部门，经专家评审，征求社会资本方意见后确定。

表3.6　湖北建制镇污水厂中考核和大考核绩效评价指标

一级指标	二级指标
项目产出	项目运营
	项目维护
	成本效益
	安全保障
项目效果	经济影响
	生态影响
	社会影响
	可持续性
	满意度
项目管理	组织管理

续表

一级指标	二级指标
项目管理	财务管理
	制度管理
	档案管理
	整改情况
	信息公开

注：数据来源于《湖北省乡镇生活污水治理设施运营维护管理工作指南（试行）》。

指标权重是指标在评价体系中的相对重要程度，由绩效评价实施部门根据项目运维实际情况综合确定。“产出”指标应作为按效付费的核心指标，指标权重不低于总权重的80%，其中“项目运营”与“项目维护”指标不低于总权重的60%。

下一次绩效评价前，要结合前一次绩效评价情况和运维实际情况优化完善绩效评价指标。

绩效评价结果是按效付费、落实整改、监督问责的重要依据。应及时公开绩效评价结果，接受社会监督。根据合同相关约定，明确绩效评价结果应用方式，按时按效付费。建议绩效评价得分在80～90分政府方可全额付费，各地结合合同约定和实际情况确定具体标准。

合同未约定月度考核，采取季度、半年度或年度绩效考核的，月度考核结果可作为日常监管手段，不与绩效付费挂钩。月度考核问题整改情况推荐作为季度、半年度或年度绩效考核三级指标。月度考核结果的应用可结合实际情况和合同约定进行调整。合同未约定绩效评价结果与付费挂钩的，需及时签署补充协议修订合同。

江西省自2015年启动百强中心镇生活污水处理设施建设运行以来，先后印发《江西省百强中心镇污水处理设施建设及工程运行实施方案》《关于推进鄱阳湖沿线小城镇污水处理项目建设实施方案》《关于进一步推进建制镇生活污水处理设施建设和运行管理的通知》《关于加强建制镇生活污水处理设施运行管理的通知》等文件指导各地分类梯次推进建制镇生活污水处理设施建设运行。今年以来，江西住建厅进一步提升建制镇生活污水处理设施建设和运行管理水平。一是有序推动处理设施建设。目前，全省496个建制镇建成生活污水处理设施，覆盖率达68.6%，设施覆盖率进一步提高，92个建制镇正在积极推进设施建设。二是加强设施运行管理。今年3月，印发《关于加强建制镇生活污水处理设施运行管理的通知》，压实地方主体责任，各建制镇均落实了一名领导责任人和运行责任人。组织开展建制镇污水处理设施运行管理明察暗访，对发现的问题下发督办函并跟踪督办。三是加大资金支持。为推动和保障建制镇生活污水处理设施建设及有效运行，今年安排资金3742万元对建制镇生活污水处理设施建设运行予以资金支持。为进一步完善建制镇生活污水处理管理机制，推进设施建设运行，江西省住建厅依托美丽乡镇建设五年行动制定污水垃圾专项方案，目前该方案正在征求意见。同时草拟有关指导意见和技术导则，有针对性地开展具体指导和技术帮扶，已拟定初稿，正在修改完善中。江西省尚未建立建制镇生活污水收费制度，下一步将积极配合江西省发改委制定有关收费制度，为建制镇生活污水处理设施有效运行提供经费保障。

3.2 典型建制镇污水收集处理调研分析

为保证二区调研的全面性与普遍性，调研组根据典型建制镇污水收集处理的选择原则，与江西省厅村镇处共同商议确定选择南昌市进贤县李渡镇、丰城市上塘镇、九江市湖口县均桥镇进行调研。

湖北省选取了较为有代表性的孝感市孝南区及应城市乡镇污水项目，通过调研，进一步选取了典型的建制镇污水收集处理案例。

3.2.1 孝感市建制镇

3.2.1.1 项目概况

孝感市是湖北省的地级市之一，下辖孝南区和云梦、孝昌、大悟3县，代管应城、安陆、汉川3个县级市。此次调研涉及孝南区及应城市乡镇污水项目，均为PPP模式，社会资本方为中信环境技术有限公司。

孝南区乡镇污水处理建设项目包含7个乡镇生活污水处理设施及11个乡镇生活污水管网收集系统，污泥送往邓家河污水处理厂集中处理。

该项目生活污水总规模为0.98万吨/天，其中陡岗镇1500t/d，祝站镇1000t/d，杨店镇2500t/d，西河镇1000t/d（提标改造），新铺镇500t/d，朱湖农场800t/d，卧龙长湖2500t/d，三汊镇污水收集后，送往高新区污水管网，进入邓家河污水处理厂；建DN300至DN1500污水管道313.46km，污水处理出水水质执行一级A标准。

应城市现辖1个省级经济开发区、10个乡镇、5个办事处、1个良种场。应城市乡镇污水PPP项目包括杨河、田店、三合、杨岭、陈河、义和、天鹅、郎君及长江埠9座污水厂及配套管网建设，近期建设规模8400t/d，远期规模16400t/d，总用地面积约50亩，污水处理出水水质执行一级A标准，此外，改造提标汤池镇污水处理厂1座，规模10000t/d，配套建设黄滩、四里棚、城北、东马坊污水收集管网。该项目污水收集管网总长113.04km，入户管232.15km。

目前孝南区及应城市乡镇污水处理厂站均全面投入运行，出水稳定达标。其中孝南区杨店镇进出水水质见图3.10。

3.2.1.2 建设模式

2018年6月，应城市政府与中信环境技术有限公司以PPP模式合作，中信环境与应城市蒲阳开发投资有限公司共同出资组建诺卫环境技术（应城）有限公司，同年8月，孝感市政府与中信环境技术有限公司以PPP模式合作，中信环境与孝感市长兴投资有限公司共同出资组建诺卫环境水务（孝感）有限公司。中信环境负责项目建设、运营、维护，通过“使用者付费”及“政府付费”获得投资回报；政府负责基础设施及公共服务价格、质量监管，后期的运行监管、绩效考核等工作。

除应城市东马坊污水处理厂采用江西金达莱的FMBR工艺，为模块化建设方式，其余项目厂站均采用钢筋混凝土构筑物。在新建项目中，均采用厂网一体建设模式。常规项目中，厂区及污水主干管易于完成，而接户管网的施工关系到进水水量和进水水质，直接影响污水处理厂的正常运转。接户管网的建设更是连通乡镇居民与污水处理厂“最后一公里”的关键环节，需加强接户管网建设。厂网一体化建设保障了资金投入的有效性。污水处理工程通常存在厂站与管网建设不统一不匹配的现场，且由于管网较长，施工单位建设质量参差不齐，导致建成的污水处理设施运行成效大幅降低，对后期的二次技改需求较大，无形中降低了资金投入的有效性。而厂网一体化建设，有力保障了建设资金投入的有效性。

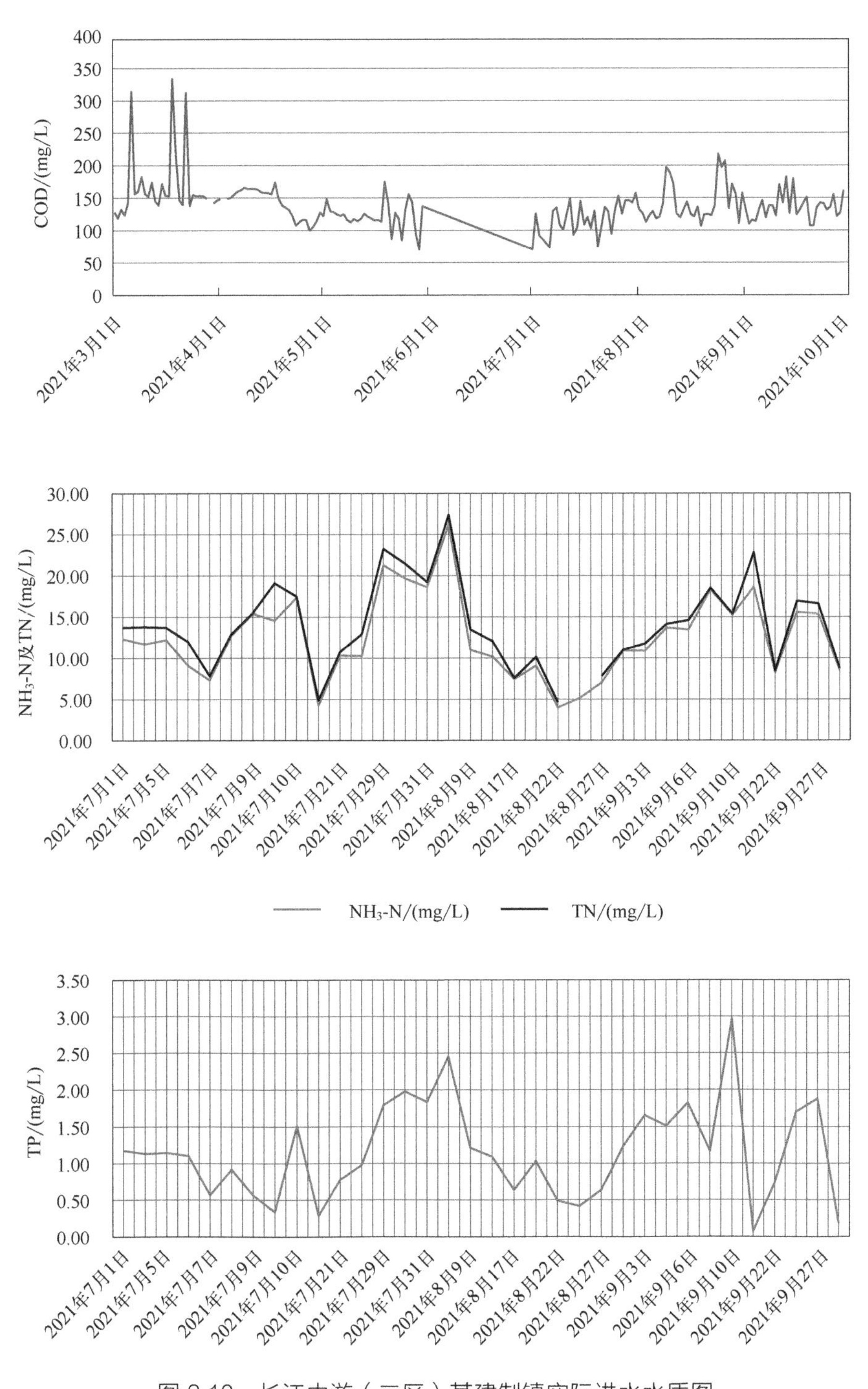

图 3.10　长江中游（二区）某建制镇实际进水水质图

3.2.1.3 运维情况

如前所述，应城市及孝南区乡镇污水项目，采用打捆模式选择政府和社会资本合作（PPP）模式，采取 BOOT（建设-拥有-经营-转让）方式实施。

应城市及孝南区的乡镇污水厂采用了“互联网+智慧水务”智能化操作平台。中控平台能远程操控镇污水处理厂的运营，系统构建全厂区流程化及管网巡检路线不仅能实现水质在线监测，还能对设备的启停实现“一键控制”，出现违规操作及特殊情况总控平台会立即报警提示，不仅降低了事故风险，而且大大节省人力和生产成本。

应城市乡镇污水处理项目中心厂设立在郎君污水厂（图 3.11），各生产指令均由中心厂下达并通知下属乡镇污水厂执行。该厂集控制、检修、培训为一体，各乡镇污水厂将厂区进出水数据、设备运行、视频监控等情况通过智慧水务平台远传至中心厂区中央控制室主控电脑。中控室操作人员实时通过主控电脑对各污水厂数据、设备运行情况进行监控及操作。当发现数据异常及设备故障时，可通过主控电脑及时查看并分析异常原因和对故障设备进行切换操作。

图 3.11 应城市郎君污水厂

综合楼二楼设置培训中心对员工进行安全、技能、设备原理等综合技能培训，通过培训进一步增强员工技能水平和安全意识。应城市乡镇污水处理污泥综合处置中心也设置在郎君中心污水厂，通过该厂安装的高压板框压滤机对各厂污泥进一步降低含水率至60%以下后进行卫生填埋。中心厂采集各乡镇污水厂信息，包括各厂区监控视频、设备及仪表数据。

据了解，在应城，中信环境技术、财务、科研等人员仅23人，全面保障11个污水处理厂的日常运营。通过对人员及物资的调配合理化、节约化，实现各个乡镇污水厂平稳安全运行，提高水处理的质量和效率。

在孝南区乡镇污水处理PPP项目中，西河镇污水厂是项目公司中心厂，该项目其他六个污水厂（陡岗镇、祝站镇、杨店镇、新铺镇、朱湖农场、卧龙长湖）自动控制信号全部传输至该厂进行集中控制。西河镇污水厂是项目公司办公所在地，做法同应城市。

在中控制及省级信息平台上，可实时看到进水COD、流量、pH，出水COD、氨氮、总氮、总磷、pH、流量等9项指标，通过这些指标可以得到污水厂的负荷率。

乡镇污水项目具有点多、线长、面广的特点，而乡镇污水处理运维专业人员较匮乏，给运维工作增加了困难。孝南区在管网维护上，通过单独面向社会招标组建了一支专业的管网维护疏通队伍，这支近30人的队伍分为4个小组定期巡检管线，清淤清杂，让超过400km的主支管网稳定运行，成为全区乡镇生活污水处理厂的有力支撑。在巡检管线中，结合智慧平台和值守人员上报的异常情况，科学高效安排巡检路线，在减少运维人员数量的同时，极大地提高了巡检和维护效率。通过对故障信息的汇总和分析，发现各厂站的故障频发点，运维团队针对性拿出解决办法，提高运维质效。在设备管理方面，构建设备台账，对设备运行、保养维护、故障维修等进行全生命周期追踪和管理，提高设备运行效率和使用寿命。

通过这种智慧运营模式可减少约50%的工作人员，每年可降低约30%的运营管理成本。同时通过智慧水务平台的实时监测，有效落实了监管责任。通过打包运营，在市域范围内统一调度人员、物资，共享运营数据和经验值，在市域范围内整合人力、技术和资源，实现规模化、专业化、智慧化运营，提高管理效率，降低了整体运营成本。同时，以湖北省乡镇生活污水治理信息管理平台为数据基础，搭建管网智慧运维平台，依托物联网、污水管网GPS定位系统和智慧水务巡检APP，在日常运维、点对点维护和应急维修方面对管网进行统一运营。通过生产过程全自动化运行、实时在线监管、科学巡检、远程诊断控制，对厂站实行统一管控。现场运维人员通过手持移动巡检终端，按照智能化、标准化的巡检工作流程，完成巡检任务管理、位置定位、巡检信息上报等工作，电脑端则为巡检管理者提供综合数据分析和图表展示。

人员物资上实现了集中调度。各乡镇建设点集中运维管理，可统一调度人员、物资，更加合理有效地安排厂站值守人员，各个运营分中心配备基本的检修、化验、检修车辆及检修工器具等，负责各自就近的县（市、区）每日的化验及厂网检修等工作。运营中心和运营分中心配备工艺技术人员、化验人员和维修人员，满足厂站日常巡检、水质化验和设备维修。

低成本运作方面，根据调研，污水处理成本见图 3.12。其中电费占比最大（20%～30%），其次是在线监测系统运维费（15%～20%），另外人工费占比 10%～20%，维修费占比 10%～15%，污泥外运处置费占 10%，药剂费占 8%～10%。

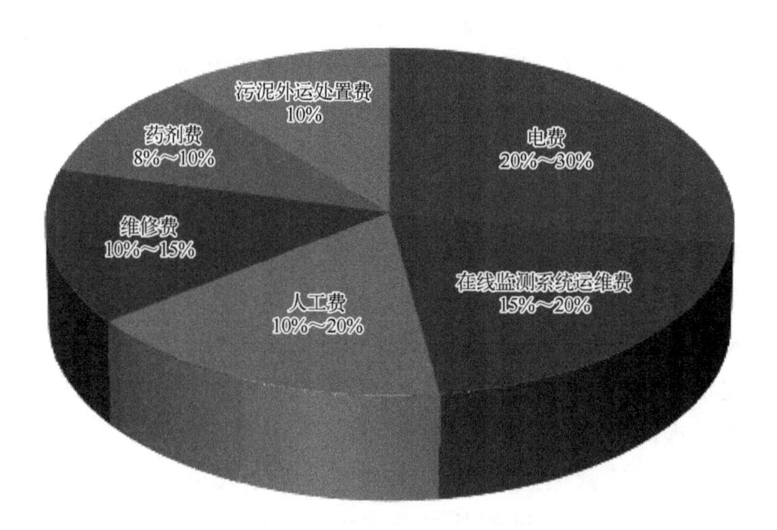

图 3.12　污水处理成本分析图

故成本控制措施，可以从以下几方面考虑：优化工艺运行，降低运行能耗；精确计量，合理控制药剂费用；定期保养设备，减低维修费用；加强人员管理，降低管理成本；利用外包服务的专业优势和规模效益。

3.2.1.4　技术工艺

低成本运作，除了管理，还体现在设计中。厂区建设远离居民区，尽可能靠近河流，减少管道铺设；同时，根据每个乡镇实际居住人口，设计污水处理规模，既不浪费资源，又确保“吃得饱”。

除应城市东马坊污水处理厂采用江西金达莱的FMBR工艺，为模块化建设方式，其余项目厂站均采用钢筋混凝土构筑物，工艺流程如图3.13所示。不同的是孝南区各厂的污泥均定期外运至邓家河污水处理厂进行集中处理，而应城市污泥均运送至郎君镇污水厂通过污泥脱水系统进行集中处置。

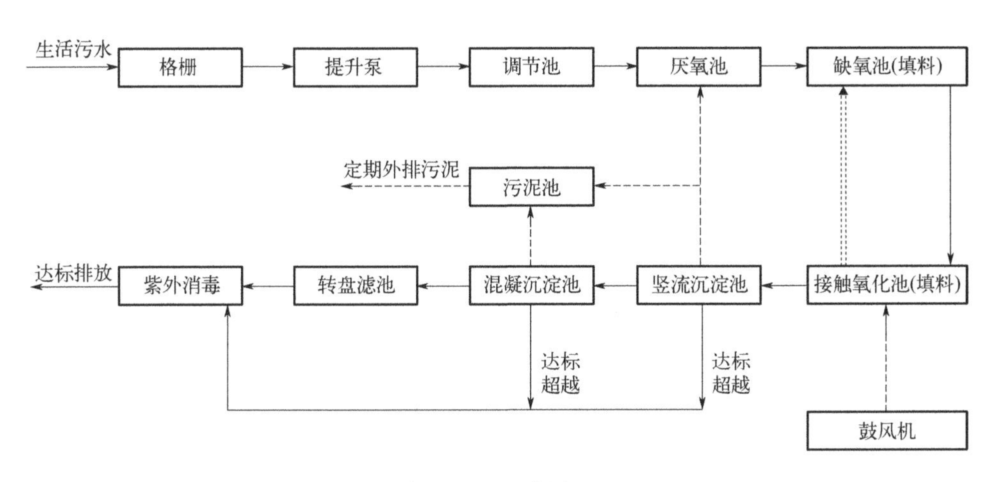

图3.13　工艺流程

3.2.1.5　管理机制

平台考核方面：省、市、县三级均建有共享信息平台，可实时监测各污水处理厂情况，各项指标和运行状况，作为省里对下考核、奖补的重要参考依据。

此外在各污水处理厂投入运营之际，应城市同步启动乡镇生活污水治理绩效考核，将排放指标、污水处理量、运行负荷率、运行状况等纳入考核考评体系，邀请第三方进行绩效考评，结合系统平台考评，“打分”评定，85分为基础分数线，每扣一分，政府的服务费用就相应减少一部分。

工人定位打卡，上报情况。每天巡查，信息都会上传到中信环境内部微信群。在应城，污水处理收付费、绩效考评及监管机制全面建立，11 个污水处理厂运营情况稳定。2020 年元月至 2021 年 6 月，进出水水质指标合格率均为优。应城市财政每年列支预算，给予对企业适当补偿。同时，在所有乡镇居民按照国家最低标准 0.85 元/t、非居民 1.2 元/t 全面开征污水处理费。故污水厂的运营中，资金来源有三部分：省里的以奖代补资金、市级财政拨款及居民缴付。

3.2.1.6 综合评价

孝南及应城乡镇污水项目目前均全面投入运行，出水稳定达标。建设运营中，均采用了项目打包实施 PPP 模式，有效促进了政府资本与社会资本的融合，减轻了政府财政负担，提高了服务质量，强化了项目过程管理，降低和分散了风险，政府的重点转为监督管理职能。两地的乡镇污水厂均采用了“互联网+智慧水务”智能化操作平台，大大节省了人力和生产成本。将管网通过招标方式委托第三方统一进行管理，污水厂尽可能采用相同处理工艺，两地均设置了中心厂，对区域污泥进行集中处置，均安装了在线监测设备，建有信息平台，有明确的绩效考核方式，整体情况良好，但污水处理费征收工作暂还不成熟。

3.2.2 南昌市进贤县李渡镇

3.2.2.1 项目概况

李渡镇地处赣抚平原，位于南昌市进贤县西南段，全镇国土面积 40 平方公里，总人口 6 万余人，常住人口约 2～3 万人，管辖 5 个社区居委会，14 个自然村。李渡是经济强镇，全镇形成医疗器械、食品加工、庆典烟花三大特色产业支撑，全镇经济实力不断增强，列为江西省经济发达镇。李渡镇 2016 年前镇生活污水通过沟渠排放至城南氧化池处理后排放入抚河。2016 年 11 月 5 日于城北建设一体化设备污水处理厂，该厂于 2017 年 12 月 27 日正式运行。李渡污水处理厂设计规模 5000m^3/d，现实际处理量为 1000m^3/d。

3.2.2.2 建设模式

李渡镇污水收集处理设施由政府自建，污水收集管网 19 年扩建后总长度 16km，采用合流制，覆盖全集镇，受益人口 2.9 万余人。李渡镇污水处理厂（北厂）位于李渡镇爱华大道西端同抚河河堤交汇处，占地面积为 896m^2，见图 3.14。李渡镇污水收集处理厂网建设投资共计 2907.32 万元，其中管网建设使用资金 2509.32 万元，污水处理厂建设投资 398 万元，包含购买设备 318 万元，基础设施 80 万元，该项资金全部由政府投入。

图 3.14　李渡镇污水处理厂（北厂）

3.2.2.3　技术工艺

李渡污水处理厂采用一体化膜生物反应器，现实际处理量为 1000m^3/d，目前安装使用 2 台一体化膜生物反应器，每台处理量为 500m^3/d。李渡镇污水收集管网采用合流制，因此在运行过程中存在进水水量、水质不均匀情况，上半年雨水较多时进水水量大，水质浓度低；下半年雨水较少，进水水量相应减少，但总体变化差异不大，能维持稳定运行，达标排放。李渡污水处理厂出水水质按一级 B 标准排放，生活污水处理后通过沟渠排入附近抚河。该污水处理厂采用一体化膜生物反应器，具有占地小、建设周期短、可就地分期建设的优点，并且生物膜法产泥少、无异味、无二次污染、环境友好。但一体化设备运行调试对专业要求高，操作性强，需专业人员进行管理维护。同时膜设备使用 5 年左右需要更换膜组件，费用在 30 万左右，导致后期运行成本增加。

3.2.2.4 运维管理

李渡镇污水收集处理设施由县政府部门主管，管道沟渠由县政府运行维护，维护工作包括管渠改扩建、定期清理沉沙井等。污水处理厂采用委托运营模式，由江西沃洁环保设备有限公司进行管理。该污水处理厂实现无人值守，定期巡查的管理模式，巡检员每日到污水处理厂检查设备运行情况、厂周围环境等内容，包括检查格栅池、调节池水位颜色；出水口水质、水量和颜色变化；检查处理器设备、风机、潜污泵、产水泵的运行状态并做好记录和上报。目前厂内无远程监控设备和在线检测设备，采用每月对出水采样送第三方公司检测的方式对污水处理情况进行检验，检测指标包括 pH、COD、氨氮和总氮，同时县环保局对污水厂出水进行定期和不定期采样检测。该污水处理厂对进出水水质检测频次偏低，建议每周取样检测。同时在进出水位置加装流量计监测进出水水量，在厂区加装监控设备以落实对污水处理厂的生产运营情况以及污水处理情况的检查。

李渡镇污水处理厂年度运行管理费用 16 万元，包括电费 10 万元，厂内设备疏通清理费 2 万元，共计 28 万元，单位水量处理成本为 0.77 元/m^3（不计设备更换费用）。目前李渡镇未征收污水处理费，污水收集处理设施运行维护费用全部由政府补贴支出。

3.2.2.5 综合评价

李渡镇污水处理厂采用可分期建设的一体化膜设备，占地面积小，可按实际处理量分期安装，运行成本低，产泥量少。但一体化设备运行调试对专业要求高，操作性强，需专业人员进行管理维护。李渡镇管辖村也实现了生活污水集中处理，不同村采用不同处理工艺，交由多家环境公司运行管理。工艺种类繁多，增加了区域政府建设和管理污水收集处理项目的难度，也不利于区域统一规划、整体发展。建议采用区域打捆模式，以乡镇为单位，对生活污水处理项目集中打包，区域化、规模化整体推进。

3.2.3　丰城市上塘镇

3.2.3.1　项目概况

丰城，隶属江西省宜春市，江西省试点省直管市，位于江西省中部、赣江中下游，鄱阳湖盆地南端。根据第七次人口普查数据，截至2020年11月1日，丰城常住人口为106万余人，丰城总面积2845平方公里，辖6个街道、20个镇、7个乡。

丰城市乡镇集镇污水处理系统建设项目（新建项目）建设地点为江西省宜春市丰城市乡镇集镇中心区（主要包括孙渡、上塘、董家等24个乡镇），主要建设内容为集镇中心区污水收集及污水处理系统，包括每个集镇新建一个污水处理站及配套处理系统。项目集镇总污水处理总量近期设计为19500m^3/d，远期为41100m^3/d。污水处理设施占地面积约为101.3亩，管网总长度约为190km。

本次调研的上塘镇污水处理系统建设项目位于丰城市上塘镇，镇建成区户籍人口约5.69万人，常住人口为3.41万人。上塘镇污水处理厂总设计规模为3500m^3/d，远期设计为8800m^3/d，占地面积约为6358m^2。上塘镇城镇规划较为合理，原有雨污分流系统相较于其他集镇较为完善。原先城镇各小区大多有完善的雨污分流系统，能较好地将污水、雨水分离。但集镇无成型的污水处理设备，大多污水未经处理直接散排。现将原有污水管道接入新建项目污水处理系统，对未进行雨污分流的集镇位置设计新的污水管道，目前上塘镇污水管网实现部分雨污分流。

3.2.3.2　建设模式

本项目为PPP合作模式，政府方出资代表为丰城市农村人居环境投资有限公司，社会资本方为丰城市汉辰环境工程有限公司。丰城市政府授权丰城市规划局为实施机构，依法通过公开招标与社会资本方共同组建PPP项目公司，政府出资人代表与中标社会资本方股权比例为20∶80。丰城市乡镇集镇污水处理系统建设项目（新建项目）包含24个乡镇（18个镇，6个乡），同时运营存量项目5个（4个镇，1个乡）。新建项目采用BOT（建设-经营-转让）运行模式，存量项目采用TOT（移交-经营-移交）运行模式。

政府与第三方公司合作期限30年，新建污水厂（站）建设期1年，运营期29年；配套污水管网分期实施，建设期2年，运营期28年；已建5个污水处理厂，转让移交期为1年，运营期29年。该项目总投资额约为6.98亿。

丰城市上塘镇污水处理厂土建按远期设计建设，设备按近期设计安装，投资400万元。管道采用高密度聚乙烯（HDPE）双壁波纹管进行建设，集镇铺设管网长度约为6.6km，投资1200万。

3.2.3.3 技术工艺

丰城市建制镇新建项目主要采用的工艺为 A^2O+沉淀池+砂滤池+紫外消毒及MBR膜一体化设备处理，排放标准执行一级A标准。

上塘镇污水处理系统工程自2019年10月开工，2020年6月开工配套污水管网工程，污水处理厂工程于2021年6月底调试运行。主要采取的主体工艺为 A^2O+二沉池+砂滤池+紫外消毒，目前实际处理量为1600～1800m^3/d。进水COD在100～120mg/L之间，排放标准执行一级A标准。丰城市乡镇集镇污水处理系统建设项目新建24个污水处理厂中有5座配有污泥脱水间，24个污水处理厂将污泥统一运送至污泥脱水间脱水后再进行填埋处理或运送至当地砖厂实现再利用。上塘镇污水处理厂如图3.15所示。

3.2.3.4 运维管理

污水处理厂配有一名值班运维人员，每天对污水厂内设备运行状况以及进出水水质和处理情况进行检查记录。该厂配有电磁流量计和超声波流量计对每日实际出水量进行监测，同时配有氨氮、总磷、COD在线检测设备对出水水质进行实时监测。目前在线监测设备处于调试运行状态，监控设备和监控平台正在建设安装，还无法实现对出水水质的实时监测和厂区运行状态的实时监控。

上塘镇污水处理厂单位水量处理成本为1.5～1.6元/m^3，由于建成投运时间短，不足一年，暂无年度运行维护费用等相关年度数据。据第三方运维公司介绍，上塘镇污水综合单价0.8元/m^3，污水管网运营绩效服务费6800元/（公里·年），综合回报率 7%。目前上塘镇并未征收污水处理费，污水收集处理系统运营维护费用由乡镇政府缺口补助。

图3.15　上塘镇污水处理厂

3.2.3.5　综合评价

丰城市24个乡镇集镇污水收集处理设施采用镇域打捆，统一招标，打包实施 PPP 模式，发挥 PPP 模式的优势作用。这在很大程度上减轻了政府的财政负担，强化了项目过程的管理，降低和分散了风险，能够强化政府的监管力度，由建设运营职能转换为监督管理职能。并且采用专业公司设计建设运营，因地制宜对每个乡镇按照服务人口、处理水量和土建空间进行合理规划设计，统一采用 A^2O+沉淀池+砂滤池+紫外消毒及 MBR 膜一体化设备处理，同时在厂区安装监控系统和在线检测设备对厂区运行状态及出水水质进行监测，提高了服务质量。目前厂区在线监测仪器还在调试状态，镇域污水处理厂（站）总控室和监控设备仍在建设，建议加快进度以落实各个乡镇污水处理厂出水水质的监测，确保污水处理项目的正常运行。

3.2.4 九江市湖口县均桥镇

3.2.4.1 项目概况

湖口县，隶属江西省九江市，位于江西省北部、九江市东部、长江中下游南岸、鄱阳湖北畔，赣皖鄂三省交界处。鄱阳湖在湖口县境西部流经 27km，境内水域 90.3km²；长江沿县境北部流经 17km，境内水域 15.25km²；江湖岸线 51km，其中沿江 22km、沿湖 29km。湖口县面积 669km²，根据第七次人口普查数据，截至 2020 年 11 月 1 日，湖口县常住人口为 22.74 万人。湖口县下辖 6 个镇，双钟镇、流泗镇、马影镇、均桥镇、武山镇、城山镇。

湖口县除城关镇外现有建制镇 6 个，每个建制镇均建有集镇污水处理设施，共有污水处理设施 6 个，建设处理总规模 0.152 万吨/天，共建成污水收集管网约 30km，新建污水收集管网全部实现雨污分流。已建的建制镇集镇生活污水处理设施，已全部已投入运行使用。经估算，污水收集率约 70%（主要预先收集政府、学校、卫生院等人口密集区域）、污水处理率约 70%（收集的污水均能够全面处理）、污水处理厂运行负荷率约 50%（大部分乡镇进水量为设计量的一半左右），出水水质达到城镇污水一级 A 排放标准。符合建设工程合同和环保等有关部门要求，全县建立乡镇集镇污水运营中心，所有站区安装智能在线监控系统，污水设备日常运作情况、现场环境状况全部纳入全县运管中心联网管理。目前全县污水处理站运营维护统一由第三方专业团队进行管理，稳定运行率基本能够达到 100%，管网覆盖集镇主要区域，覆盖率约为 50%。污泥处置采用吸粪车统一转运第三方进行处置。

本次调研的湖口县均桥镇位于江西省九江市湖口县中南部，地处鄱阳湖之滨。均桥镇由江桥乡、文桥乡合并而成，2014 年撤乡建镇合并为均桥镇。目前镇区内含有三个集镇，包括文桥集镇、江桥集镇两个老集镇和新建均桥集镇。均桥镇总面积 64km^2，为全县最大，镇建成区户籍人口 3.2 万，常住人口 1 万。均桥镇已建污水收集管网为合流制沟渠，新建污水管网采用雨污分流制，现有排水管道长度 6.6km，覆盖均桥镇 60%镇区面积。均桥镇污水处理厂（图 3.16）设计处理能力 400m^3/d，实际处理量 200m^3/d。

图 3.16　均桥镇污水处理站

3.2.4.2　建设模式

由县住建局牵头，总投资约 5000 万元，全面建设完成全县 11 个乡镇、集镇污水处理设施和集镇污水管网建设。工程项目采取 EPC 模式建设，强化一体化推进，做到统一规划，统一设计，统一建设，统一进度，统一管理，集镇污水处理厂选址遵循“因地制宜，合理布局，布置紧凑、节约用地”原则，外观设计尽量融入周围的整体景观，充分利用场地条件。收集范围主要为政府、学校及其他机关单位，配套管网与设施全部一体化建设。

均桥镇污水处理站建设投资 320 余万元，一期管网建设已全部完成，现有排水管道长度6.6km，投资300万元，新建镇区污水可全部接入污水管网。二期管网建设工程正在加紧实施，对老旧集镇管网沟渠进行改造完善，实现全镇污水连接入镇区污水处理厂。

3.2.4.3 技术工艺

湖口县建制镇污水处理工艺主要有两种，流泗镇、城山镇作为百强重点镇及环鄱阳湖乡镇，于2015/2016年提前建设，采用MBR工艺。其余镇统一实施两级A/O生化处理工艺，使用DSP（低能耗分散生活污水处理系列成套设备）。该设备采取地埋式建设，设施上面覆土绿化，可融入周围的整体景观。全县建制镇生活污水处理后出水执行一级A排放标准，目前达到正常运行，处理达标排放。

均桥镇污水处理厂采用DSP（低能耗分散生活污水处理系列成套设备），采取地埋式建设，设施上面覆土绿化，地面可见检查井和配电柜。进水COD在100mg/L左右，出水水质按一级A排放标准，出水通过南北港排出，最终汇入鄱阳湖。污水处理厂设有污泥池，污泥收集后定期运送至当地砖厂进行再利用。

3.2.4.4 运维管理

湖口县建制镇生活污水处理站的运维管理模式为：通过公开招投标选择条件优秀的第三方运营管理。目前湖口县13个乡镇集镇污水收集处理设施由苏州首创嘉净环保科技股份有限公司作为第三方机构负责，进行运营管理、安全管理、应急管理和档案管理，县住房和城乡建设局定期抽查监督管理。运维组织机构包含1名负责人、1名技术员、2名运维人员、1名机修工、1名化验员。政府要求运维期间，第三方运营单位对故障处理到位，污水处理设备稳定达标运营。

全县13个乡镇集镇污水处理运营费用每年投入约200万元，运营成本主要包括电费，污水处理药剂费，人工水质分析试剂费，污泥处置费，检测药剂废液处置费，电信网络费，6名化验、维护、运管等人员工资，车辆及企业管理费用等。湖口县污水处理厂单位水量处理成本为2.218元/m^3，包含人工费0.44元/m^3，电费0.128元/m^3，药剂费0.45元/m^3，其他费用1.2元/m^3。乡镇政府落实属地污水处理主要责任，县发改委、财政局、环保局、农业农村局、水利局、住建局等行业主管部门按各自工作职能履行督促检查责任。合同期间由第三方按照环保污水处理要求履行企业运营主体责任，依法接受行政主管部门和监督部门全过程管理和监督，承担一切环保责任和后果。

全县 13 个乡镇集镇污水处理厂区配有监控设备以及出水水质在线检测设备，厂区运行状况和出水水质可通过湖口县乡镇集镇污水运营中心在线监控系统查看。该运营中心位于均桥镇，与均桥镇污水处理厂合建，如图 3.17 所示。运营中心总控室配有监控平台、在线检测设备以及分析化验室，有 1 名负责人、1 名技术员、2 名运维人员、1 名机修工和 1 名化验员。通过在线监控系统可查看 13 个乡镇集镇污水处理厂（站）运行情况，并查看各污水处理厂（站）出水在线水质监测数值，包括总氮、总磷、氨氮、COD、pH，在线监测数据显示出水水质达到一级 A 排放标准。运维人员也可通过在线监控平台对每个污水处理厂（站）设备电磁阀、加药泵等运行状态进行检查，但未能实现对全流程设备的远程操控，部分设备仍需手动开启调节。

图 3.17　湖口县乡镇集镇污水运营中心

3.2.4.5　综合评价

湖口县 11 个乡镇污水管网与污水处理站由县住建局牵头建设，采用

MBR 一体化设备和两级 A/O 生化处理一体化设备。管网维护与污水处理厂管理运营均委托第三方公司运营，建立湖口县乡镇集镇污水运管中心，配有6 名专业运管人员，每个污水处理厂站均配有监控设施和在线检测设备，实现全县污水处理站的远程监控和实时监测。运维模式相对成熟，因而年度运行维护费用较高，每年约 200 万元，折算为吨水平均处理成本约 2.218 元/吨。由于均桥镇以农业为主，无大型工业企业，且乡镇居民用水习惯与城镇居民差异较大，镇供水厂为私人运营，乡镇难以征收污水处理费。目前均桥镇污水收集处理设施运营维护费用由政府补贴，建议尽快落实建制镇生活污水处理收费机制，保障处理设施有效运行。

3.3 污水处理风险与问题

二区的建制镇由于受经济发展水平、自然条件以及在全国的区位等因素的影响等，相当一部分地区的区位较好，污水收集处理也有地方政府法规作为支持和依据，部分地区的建制镇污水收集处理做得较完善，但地区差异大，主要存在的风险与问题介绍如下。

3.3.1 污水厂规模

如前所述，建制镇污水厂设计规模的确定主要与以下因素有关：人口数、生活用水定额、污水收集率、地下水入渗率等有关。部分厂区负荷率如图 3.18 所示。

根据调研，二区（湖北、江西）生活用水定额一般取 100～120L/人·d，部分厂区如杨店镇、段店镇、碧石渡镇、殷祖镇等，污水负荷率均超过 60%，说明在人口准确的情况下，采用此定额指标符合二区习惯。但部分厂区，如东沟镇、华家河镇、李渡镇、均桥镇等，又存在厂区污水负荷率偏低的状况，分析原因有如下方面：①个别建制镇如汀祖镇等由于产业规划及城市规划调整等造成规模不匹配；②除经济发达、有工业园区规划或有旅游产业的建制镇，人口数根据近远期年限会有增长，但大部分建制镇随着城镇化进程快速推进，农村、乡镇人口加速向县城、城市和中心集镇转移，其人口基本处于动态平衡甚至萎缩状态，此外较多建制镇年轻人口属外出务工人员，仅逢年过节回来，导致建制镇建成区户籍人口数一般也远大于常住人口数；③“重厂轻网”，这是最主要的原因，由于部分镇区较分散，支护管网及接户管因各种原因暂未实施；④“十一五”“十二五”期间建设的很多污水厂，由于负责实施部门不同，导致部分污水厂设施规模偏大。故在长江中游（二区）中，部分厂存在污水厂负荷率偏低的情况，难以发挥污水厂的更大效能。

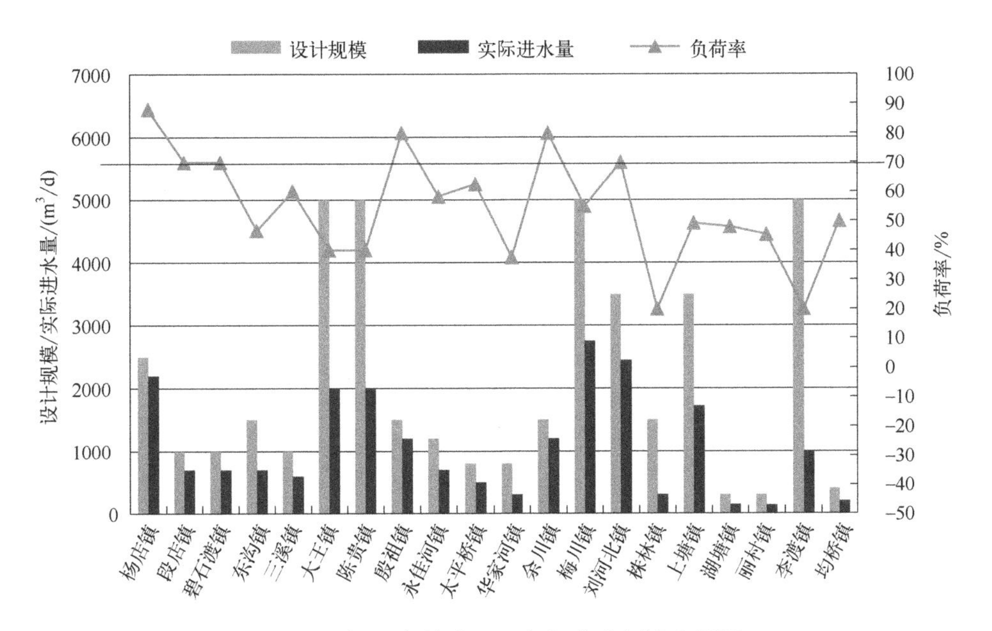

图 3.18　长江中游（二区）部分建制镇水量图

3.3.2　污水厂实际进出水水质

由于二区位于长江中游，地下水位高易造成地下水渗入，且由于生活习惯、老城区采用雨污合流制收集系统、部分区域因用地及施工条件限制等污水管道敷设在河里造成河水倒灌、管道乱接混接、施工质量参差不齐、老旧管道破损等原因，造成部分污水处理厂长期进水 COD 浓度低，比出水标准还低（图 3.19）。同时在“厕所革命”工程建设中，大部分农村住户都建有化粪池，虽然避免了管道堵塞问题，但化粪池水力停留时间过长会导致接入市政管网的生活污水浓度降低。建制镇生活污水处理设施实现全覆盖，部分污水处理厂仅在雨季进水 COD 浓度低，造成原因可能是雨污串管，或者局部管网低处有雨水渗入。部分污水处理厂偶尔出现进水 COD 浓度远大于设

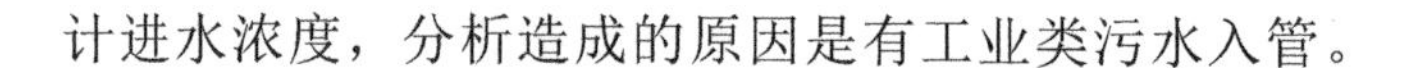
计进水浓度，分析造成的原因是有工业类污水入管。

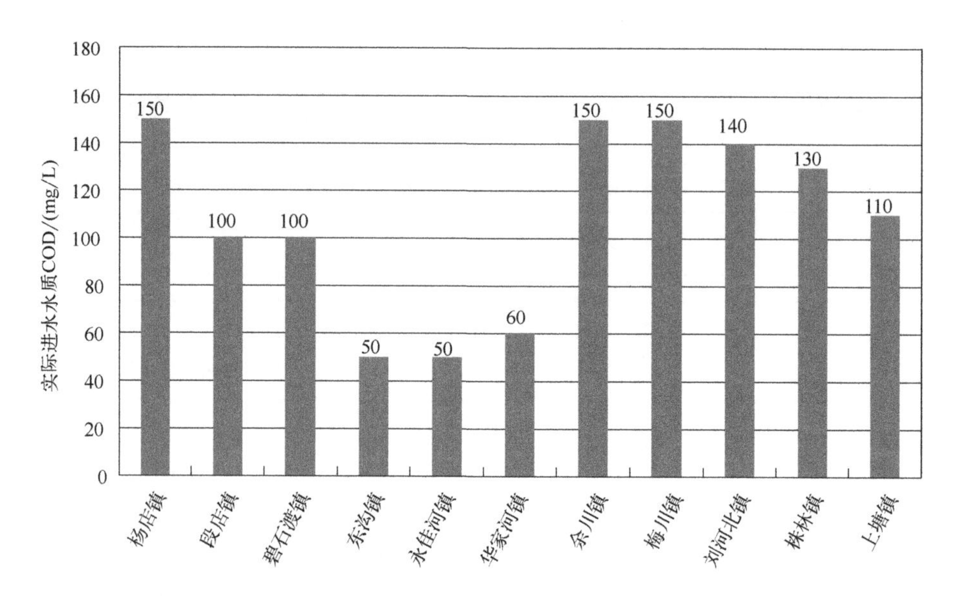

图 3.19　长江中游（二区）部分建制镇实际进水水质 COD 图

在出水水质方面，湖北省考虑到大部分建制镇污水厂规模大，且从省情实际出发，出水水质均采用一级 A 标准，部分运行良好典型镇情况见表 3.7。而江西省大部分建制镇生活污水根据受纳水体的环境容量，按照一级 A 或一级 B 排放，也有部分采用农村污水排放标准。建制镇生活污水处理厂排放标准由生态环境部门根据受纳水体环境容量、当地经济条件、污水厂规模等综合确定，需要做到既节约经济成本，又不会对环境造成影响。

表 3.7　湖北省部分运行良好典型镇情况表

污水厂	设计规模/（t/d）	半年处理水量/t	折合日均实际进水量/（t/d）	污水厂运行负荷率/%
杨店镇污水厂	2500	371930	2038	81.52
孝南祝站镇污水厂	1000	152951	838	83.81
竹山麻家渡镇污水一厂	1000	183783	1007	100.70
房县军店镇污水厂	3000	460741	2525	84.15

续表

污水厂	设计规模/（t/d）	半年处理水量/t	折合日均实际进水量/（t/d）	污水厂运行负荷率/%
竹山擂鼓镇污水一厂	1000	206818	1133	113.32
秭归县九畹溪镇污水厂	500	78459	430	85.98

此外，湖北省的建制镇污水厂均配备了在线监测设备，污水厂站进水监测包括COD、pH值、流量3项指标，出水监测包括COD、氨氮、总氮、总磷、pH值、流量6项指标，这样利于考核。但据多家运行单位反馈，在线监测设备投资费用及后期校核费用高，其中在线监测系统运维费约占运行成本的15%～20%，造成污水处理成本的显著提高。建议根据各地各厂实际情况（包括出水水质标准、污水厂规模等）综合考虑。对于规模小于500m^3/d的污水厂站，审慎定夺是否有必要上在线监测设备，如果未上，需要通过水耗、电耗、药耗、流量计、定期考核、抽查等多种形式进行监督。

3.3.3　建设资金

长江中游（二区）部分省市建制镇污水处理设施还未达到全覆盖，如湖南省自2019年启动实施乡镇污水处理设施建设以来，截至2021年8月底，全省1476个乡镇的污水处理设施覆盖率为46%。江西省先后于2015年、2016年启动试点镇设施建设运行工作，以点带面推动全省建制镇生活污水处理设施建设，截至2021年5月，全省有496个建制镇生活污水处理设施已建成并运行，覆盖率为68.6%，污水处理设施还需要投入资金。其次，配套管网建设尤其是支管网及接户管建设滞后是制约建制镇生活污水处理设施正常运行的瓶颈，管网接入不全面、管网延伸拓展、接户管建设、雨污分流改造需要持续推进，同时管网破损具有反复性、长期性，故建设资金还需持续投入。

3.3.4　可持续运行

首先，建制镇污水厂及管网本身运行费用较城市污水厂高，运行费用涉及厂区及管网。城市污水处理厂吨水处理成本为1元/吨左右，乡镇污水处理厂平均吨水处理成本是其2倍多，其中电费、人力成本及在线监测成本对乡镇污水处理厂的成本控制影响较大。以襄阳市为例，2021年整体运营预算为8424.68万元，其中污水处理厂运营费用4085.52万元，管网运营费用4339.16万元。 厂运营费用中，电费840.4万元，占比20.57%；人工费用766.58万元，占比18.76%；在线监测设备运维费636.55万元，占比15.58%；药剂费425.98万元，占比10.43%。部分厂运行费用较高，分析有以下原因：

（1）污水厂排放标准过高，且部分地区存在使用在线监测设备过度的现象；

（2）污水厂设计规模较大，但部分厂运行负荷率较低，加上进水水质浓度较低导致外加药剂量较大，增加了运营成本；

（3）建议各厂区根据污水厂进水水质、出水水质、污泥量多少合理确定是否有上污泥脱水设备的必要。针对产生污泥量少的厂，定期采用专用设施吸取污泥送至城镇污水处理厂或有污泥处置设施的建制镇污水处理厂统一处理即可。

首先，建制镇污水点多、线长、面广，运营成本相对较高。污水处理厂由于建设地点分散，处理规模较小，配套管网覆盖面广，多在房前屋后、田间地头、河流沟渠，运维难度大，运营成本较高。

其次部分厂设计规模偏大，但运行负荷率低，污水处理厂的经营收费尚未完全产销平衡，政府部门补贴较多。但部分建制镇财政单薄，财政投入和支持受限，同时地方企业和群众对基础设施的投入也受到经济发展的影响和限制，部分区域受区位、经济发展影响、工程规模小等，外地企业和外资的投入也较为有限，污水收集处理系统的可持续运行存有一定的风险。

如湖北省乡镇生活污水处理设施PPP模式合作期基本为20年或30年。根据统计估算，每年约22亿元的运维费用中，除去省级奖补资金5亿元、污水费征收1亿元，地方财政还要支出16亿元，平均每个县需支付1860万元。若没有省级奖补资金，平均每个县需支付2440万元，财政支付压力较大，特别是贫困地区。

此外，污水费征收难度大。长江中游（二区）各地征收工作推动不均衡，部分县市区工作较为滞后，部分县（市、区）尚未启动污水处理费征收。同时征收地区也没有全面征收，部分群众对收费工作认识不够，有抵触情绪，征收工作难度大。如在湖北，目前多数乡镇针对党政机关和企事业单位启动收费，普通住户收费不足。部分地区的自来水费较高，征收污水处理费后，增加了群众的生活成本和费用负担。污水处理收费难以弥补乡镇生活污水处理厂的建设运营费用，省级运营奖补资金是当前各地维持稳定运营的重要来源。

故污水收集处理系统的可持续性运行存在较大风险。

3.3.5 管理模式

二区的部分建制镇小污水厂由于资金和技术水平的限制，在水质管理上较不规范。另外，受经济制约等，污水厂缺乏专业技术人员，部分工作人员不具备专业的管理经验和技术技能，厂区设备及厂外管网的运行维护和检修能力低。再者，厂网未能一体化管理。建制镇污水收集处理系统规模普遍不大，但数量庞大，部分厂由于历史原因等缺乏高效统一的管理机制，厂网未做到一体化建设、一体化运行。松散型的管理模式，不利于污水收集处理系统的高效运行。

3.3.6 体制机制

一是管理机构缺失，力量不足。目前，大多数地方没有成立专门的管理机构（职能单位），专业人员力量远远不够，80%以上县（市、区）依托住建局内设部门的 1、3 人负责日常工作，难于有效监督管理。

二是相关规章制度还需研究制定。各乡镇主支管网、接户管网建设点多、线长、面广，乡镇生活污水管网被破坏现象时有发生，对各类乡镇污水设施破坏行为的打击需要加强执法，需要压实乡镇政府责任。

三是财政预算执行不到位。如湖北省 2021 年，虽然统计各地乡镇污水处理项目财政预算合计达到 17.9 亿元，但实际有的并未执行。如襄阳市各县（市、区）2021 年财政预算总额虽然有 5.67 亿，但实际仅拨付 8500 万元。部分地区未安排预算。有些地区预算经费不足，如湖北的郧阳区现有污水主管网总长度已超过 270km，管网的维护管理费需 10000 元/（公里·年），而 2020 年财政预算管网维护经费仅为 60 万元。

四是各地绩效考评、管网维护、污泥处置、污水收付费、应急预案等长效管理机制还不完善，PPP 项目合同具体细节还需完善及谈判协商。少数地区还没有出台污水处理费征收政策，没有及时批准转入商业运营。

3.3.7 绩效管理

一是PPP模式存在合同纠纷问题。在乡镇生活污水治理工作初期，全国PPP项目总体上处于摸索阶段，合同条款设置不规范，风险分担机制不全面，导致部分项目在建设运营过程中，社会资本与政府产生纠纷，甚至解约。各地在处理此类问题上经验不足，少数地方纠纷不断，出现信访问题。部分地区由于种种原因，与原资本方协商解约，重新选择运营单位。

二是绩效管理不规范。部分地区绩效管理不明晰，并未有严格考核制度。湖北省虽然按照省财政厅《省财政厅关于加强政府和社会资本合作（PPP）项目绩效管理的通知》（鄂财金发〔2021〕25号）文件，要求各地要根据绩效考核结果付费，但各地在实际操作中还存在不规范行为。如黄石市虽然制定了考核办法，但没有严格落实绩效评价工作，运营期绩效考核尚未开始。黄冈市部分县市区行业管理和项目管理不分，完全依托项目运营单位自行管理，存在管办一家，运营监管不分的问题。江陵县因PPP合同解除，日常运维采用临时委托，以实报实销的方式拨付运维费用。

3.3.8 项目审批

适合建设建制镇污水厂的地点一般处于地势较低的河边，这些地方用地性质多为农田甚至是基本农田，现在农用地转为建设用地审批非常严格，手续复杂，时间跨度大。且部分因镇区规划调整，城镇规划与土地规划不一致，污水处理厂选址一变再变，严重影响项目进度。

3.4 小结

二区地理区位优势相对一区要强，相对三区要弱，经济中等发达。作为长江中上游“咽喉”的湖北省，面临着中部地区绿色崛起的战略机遇。根据资料及现场调研走访可以看出，湖北省乡镇生活污水治理近年来加快建设，硬件设施水平普遍明显提升，排放标准均采用一级A标准，都有在线监测系统，对污泥处理也都有所考虑，借鉴了城市污水厂的优点，并根据建制镇实际特点进行了部分改良。2020年以来，湖北省全省累计处理乡镇生活污水

47402万吨，削减COD排放80216t，削减率达90%以上。乡镇生活污水处理设施建成后，生活污水直排问题基本消除，城镇周边基本无黑臭水体，得到广大群众充分肯定和积极拥护，乡镇周边水质得到明显改善。

再看江西省。根据实地调研的三个建制镇情况来看，江西省已建建制镇污水处理设施做到了因地制宜、科学规划，充分考虑了当地镇情实际，科学确定镇区生活污水处理设施建设规模、选址、处理工艺、排水体制及排放标准等。建制镇区新建污水收集管网坚持配套管网与终端设施同步规划设计、有序推进建设。当前充分利用现有明沟暗渠提高污水收集率，后期因地制宜逐步实施雨污分流改造。统筹区域污水处理，有条件的地区可将城镇污水管网向建制镇延伸，支持就近接管、相邻联建、片区运营。部分建制镇采用整体打捆招标，交由一个运营主体集中运营维护的运维模式，加强了污水收集处理设施设计、建设、运营专业性的同时减轻了政府的财政负担，强化了项目过程的管理，降低和分散了风险。部分县域实现了对全县建制镇污水处理厂（站）的实时监控和出水水质在线监测，建立日常运行维护管理制度，规范日常巡查、检查，保障设施有效运行。但大部分建制镇污水处理厂（站）的运行和出水排放仍靠县政府环保监督部门定期和不定期检查监督。

二区两个省的经验教训总结如下：

（1）高位推动、压实责任。需要省政府主要领导亲自部署、亲自推动，各级政府主要负责人亲自负责，成立专班组织实施。如在湖北省就省开辟了绿色通道，建立了“省级组织、市级推动、县级实施、乡镇主责、企业主体”的工作机制。建立完善乡镇生活污水处理设施运营维护管理的长效机制，明确各方责任，加强统筹协调沟通机制，明确运维管理体系。在建设期，省级财政每年安排了债券资金支持建设，从2017年起，近几年连年组织现场推进乡镇生活污水治理工作和专题业务培训，纳入省政府专项督查，确保了全省乡镇生活污水治理有组织有领导有步骤有序推进。

（2）务实规划设计。建制镇污水收集处理建设涉及范围广、资金投入大、建设任务重，各地应综合考虑镇规模和发展规划、人口集聚程度、管线敷设及自然条件等多种因素，实事求是、因地制宜来制定建设规划，既算民生账、环境账，又算经济账、效益账。污水处理设施建设不宜在财力有限的情况下盲目追求覆盖率，要按照“一次规划，分步实施”的原则，分年度、分阶段进行建设，做到建设一个、运行一个、管好一个、见效一个。

从整体调研结果来看，二区建制镇污水厂整体负荷率偏低，故设计阶段需根据现在常住人口、规划等，确定污水厂合理规模，避免“贪大求高”；此外，地方管网配套不完善、雨污分流不到位、管网维护长效机制不健全等原因，导致污水收集率不高，进水浓度偏低，污水处理设施设计功能进一步打折扣，运行成本进一步提高。故对新建工程尽量采用厂网一体化同步实施政策，管网部分需注意支管网的设计与施工，设计做到因地制宜，施工要保质保量。

对已建成的厂区，如若进水水量不够，可从扩大污水处理厂的服务范围（纳入周边农村生活污水）、厂区进水端设置调节池减少污水处理厂每日运行的时间等方面进行补救；建议需新建厂区的建制镇，根据自身特点科学选择处理模式，靠近城区的且有条件接入城区污水厂的可优先选择接入城区污水厂，对建制镇布局相对密集、规模较大、经济条件好、镇村企业或旅游业发达、处于水源保护区内的可建立完善的排水管道收集系统，采用集中处理模式。对于其他规模较小、地形条件复杂、污水不易集中收集的，可采取分散处理模式，将污水按照分区收集后，采用一体化污水处理设备或自然处理等形式处理污水。

新建镇污水处理厂要按照“经济适用、易于维护”的原则，优先采用自动化程度高、运行成本低，并能满足排放标准和可以进行污泥干化处理的设备，并同步推进污泥稳定化、无害化和资源化处理处置。

规划编制工作中，要同步推进重点镇污水处理等专项规划。

（3）执行厂网建管一体模式。针对管网建设不配套、进水浓度低等突出问题，坚持厂网一体同步设计、同步建设。

（4）实行全程监管。要借鉴各地经验做好顶层设计，出台加强乡镇污水处理厂运营维护管理的文件，建立长效机制。如在湖北省内自身经济实力及发展水平较强的乡镇已建立乡镇生活污水治理大数据管理系统，实现乡镇污水处理厂从建设进程到运行管理实现在线监测，省、市、县联通，各部门共享。在建设期，实现管井、管网建设GPS坐标定位，信息系统自动生成实际建设图，同施工图进行对比，评价工程设计落实情况。每个关键工序持牌验收，建立工程质量全程可追溯机制。运行阶段，对乡镇生活污水处理项目实施在线监测，定期发布监测结果，接受社会监督，并以此为依据进行考核。管理方面，采用“互联网+智慧水务”智能化操作平台，中控平台将实现远程操控镇污水厂的运营，系统构建全厂区流程化及管网巡检路线，不仅能实现水质在线监测，还能对设备的启停实现“一键控制”，出现违规操作及特殊情况总控平台会立即报警提示，不仅降低了风险事故发生，而且大大节省人力和生产成本，下属乡镇污水厂各生产指令均由中心厂下达并通知下属乡镇污水厂执行。

地方政府建立严格的监督条例，通过政府监管发挥污水处理厂的实际效益；处理厂内部形成体系化的运行制度，对于处理厂的运行情况要有专门负责的人员，定期对处理厂情况进行报告总结，对于运行过程中发现的问题要及时提出并改善；加强处理厂污水排放的标准化建设，确保处理设施的正常运行，必要时要增加处理厂的专业技术人员，对各设备进行定期检修，最大程度上延长污水处理厂的运行寿命，并且提高处理厂的运行效率。

（5）按效付费、多元资金来源。避免“建得起，用不起”。乡镇污水处理设施规模小、分布广，相较于城市污水厂运行成本较高，而财政资金补贴力度不够，但乡镇财政基本上是“吃饭财政”，承担污水处理设施运行费用举步维艰且不可持续。还有的地方政府延期支付污水处理费。乡镇污水处理收费制度不健全，污水费征收困难。

建议形成多元化筹资（中央、省市、乡镇、个人等）。首先坚持县（市、区）级统筹，将乡镇生活污水运营维护费用纳入财政预算。在PPP模式中需明晰项目付费主体、付费来源、构建清晰的回报机制，实现可持续发展。需进一步完善污水征收体系，同时积极争取中央、省出台的乡镇污水相关的政策补助、政策性贷款、支持性资金等。

其次，绩效评价管理是提高项目运营质量的有效手段，应城市、通山县、南漳县、监利市等地制定了乡镇生活污水处理工程PPP项目建设期和运营期绩效评价实施方案，通过聘请第三方，按照月度定期考核加抽查方式，全面考核考评工作成效，并将考核结果与付费挂钩。

再次，积极推行污水处理费征收。如湖北应城市2021年1、9月份已收费256万元，占年度运营运维成本的27%，保康县广泛宣传发动，科学实施智能水表改造，目前已完成6569户，推进污水处理费随水费代征。

最后，对小规模的污水厂（500m^3/d）审慎使用在线监测设备，并根据具体建制镇污水量及区位合理确定污水排放标准。

（6）探索市场化运行机制。建立托管机制，根据国家制定的法规和标准，将已建好的污水处理设施以县为整体，通过承包的形式委托给专业的环保企业或者专业运营队伍，由他们负责统一管理运行处理。建立融资机制，按照谁投资、谁受益的原则，通过授予特许经营权等方式吸引社会资本，建立健全政府主导、市场运作、社会投资的机制，多渠道、多元化破解资金瓶颈。同时，通过回购资产、抵押融资等方式盘活污水处理设施资产，缓解财政压力。如湖北省规定在一个县内所有乡镇污水处理厂须整体打捆招标，交由一个运营主体集中运营维护，确因历史原因有多个运营主体的县，应在 3 年内调整到位。以县（市、区）为单位通过对项目的有效整合，打包实施 PPP 模式，发挥 PPP 模式的优势作用。江西省部分建制镇采用的是这种整体打捆招标模式，部分镇采用的仍是传统模式。整体打包模式能够强化政府的监管力度，政府由建设运营职能转换为监督管理职能。分散在各个县（市、区）的项目整合打包，按区域分标段统一招标，形成规模效应，提高议价空间。有条件的乡镇可利用外包服务，外包单位必须具有相应的资质。运维责任单位需设专人与外包单位进行工作对接，审查外包单位的清疏计划、执行情况、工作台账等，对外包单位实行绩效考评。区域乡镇污水处理污泥综合处置中心也可设置在一座厂区里，通过设备对各厂污泥进一步处理。如若污泥量小，可以不上污泥脱水设备，定期采用专用设施吸取污泥送至城镇污水处理厂或有污泥处置设施的建制镇污水处理厂统一处理即可。

（7）全民参与营造良好氛围。一是畅通群众问题反映渠道，让群众成为乡镇生活污水治理的受益者、支持者、参与者。二是开展课题研究，总结运行经验，节约运行成本，提高处理效率。可从三方面考虑：首先开展技术改造，优化处理工艺。将乡镇污水处理企业纳入工业技改范畴，鼓励企业对接碳中和目标，加大技术改造投入力度，从工艺和设备选择等各方面挖掘潜能，降低能耗和成本。其次优化运行工况。部分地区设计规模偏大，建议针对实际水量负荷，优化调整水泵、风机等高能耗设备工况，降低电力、药剂等损耗，省级根据实际情况调整考核规模。最后提高资源利用率。引导乡镇污水处理企业合理利用资源，推进管网延伸提高处理效率，推行尾水循环利用、光伏发电等项目，实现绿色发展。

第4章

长江下游（三区）建制镇污水收集处理调研

4.1 污水处理现状与特点

长江下游（三区）指我国长江经济带东部沿海的长江三角洲地区，具体包括江苏、浙江、安徽及上海三省一市。长江下游是长江水量最大的河段，也是全流域最富庶的地区。位于长江下游的长三角城市群是“一带一路”与长江经济带的重要交汇地带，是中国经济社会发展的重要引擎、长江经济带的引领者，也是中国城镇化基础最好的地区之一。根据住建部2020年城乡建设统计年鉴，长江下游（三区）江苏、浙江、安徽及上海三省一市的建制镇污水处理基本情况如表4.1所示。

表4.1 江苏、浙江、安徽及上海建制镇污水处理基本情况表

指标	江苏	浙江	安徽	上海
建制镇/个	667	571	883	99
建制镇建成区面积/万公顷	272939.27	212508.38	250475.71	133982.75
建成区常住人口/万	1398.00	1000.85	1038.02	773.27
污水厂/个	700	281	685	18
总设计规模/（万吨/天）	378.62	159.77	91.51	37.49

续表

指标	江苏	浙江	安徽	上海
管网长度/km	21129.52	15193.45	12183.43	5901.98
设施覆盖率/%	99.70	93.87	84.82	95.96
污水处理率/%	78.29	47.67	46.58	67.23

注：数据来源于住建部2020年城乡建设统计年鉴。

从污水厂总设计规模、管网长度、设施覆盖率和污水处理率可以看出，江苏省的建制镇污水处理设施建设走在长江下游区域最前列，其建制镇污水处理设施覆盖率接近100%，已建污水管网长度最长。本次长江下游（三区）建制镇污水收集处理调研选择江苏省作为三区典型省份。

根据住建部2020年城乡建设统计年鉴，江苏省共有建制镇667个，建成区面积27.29公顷，户籍人口1220万人，常住人口1398万人。截至目前，江苏省共建成乡镇污水处理设施691个，总处理能力362.46万吨/天，基本实现乡镇污水处理设施全覆盖。2018年以来，江苏省新增乡镇处理能力72万吨/天，提标改造污水处理厂158万吨/天，新建配套管网超过5500 km。江苏省住建厅以建制镇污水处理设施负荷率达到20%以上，为正常运行状态的考核指标，据此自2018年江苏省推动乡镇污水处理设施全运行工作以来，全省乡镇污水处理设施运行比例从过去的60.2%提高到目前的83.2%。

江苏省建制镇污水收集处理设施也存在明显的地区差异。目前苏南地区、徐州、南通、宿迁乡镇污水处理设施运行状况较好，连云港、淮安、盐城、扬州、泰州等地部分乡镇污水处理设施运行状况较差，部分设施仍然运行不正常。江苏省住建厅按照“规划引导、城乡统筹、厂网并重、建管并举”的思路，继续推进乡镇生活污水处理设施全运行工作。

4.1.1 污水规划

省级层面，江苏省住建厅先后组织编制了《江苏省建制镇污水处理设施全覆盖规划（2011—2015)》《江苏省城镇污水处理“十三五”规划》等，强化对各地乡镇生活污水处理工作的统筹与指导。积极引导地方按照“统一规划、统一建设、统一运营、统一管理”的“四统一”工作模式和“城旁接管、就近联建、独建补全”的技术路线，统筹编制以县（市、区）为单位的建制镇生活污水处理规划，科学优化布局生活污水处理设施，着力构建良性的工作系统格局。各地通过不断梳理工作机制，基本建立了乡镇污水统一建管的工作模式。

江苏省住建厅每年编制印发《全省城市建设年度工作要点》，对乡镇生活污水重点目标任务进行分解。围绕长江经济带生态环境保护工作，2019年制定了《江苏省城镇生活污水垃圾专项整治行动方案》。指导各地开展现状评估，对不能满足处理要求的，纳入计划实施改造提升或重新建设，同时结合各地城市总体规划和污水处理专项规划，采取分片区联建等思路，优化调整设施布局，提高区域污水处理能力；针对部分地区污水收集系统不完善的问题，重点加强污水收集管网的建设改造规划，着力提高污水处理厂收集处理效益。

市（县）级层面，江苏省各市（县）均按照省厅要求完成对建制镇的污水专项规划。

4.1.2 设计阶段

在设计阶段，主要涉及五方面内容：污水厂规模、设计水质、处理工艺、污泥及管网。

4.1.2.1 污水厂规模

据调研反馈，江苏省各地建制镇污水厂规模存在明显差异，苏中、苏北地区大部分建制镇污水厂与长江中游（二区）规模类似，集中在1000～5000m^3/d，最小为500m^3/d，最大可达几万立方米/天。但部分地区人口流失严重，常住人口远低于户籍人口，乡镇污水厂存在设计规模虚高，实际运行负荷率难以达标的问题。江苏省对设计规模偏大实际运行负荷率难以达标的建制镇污水处理厂实行“减量增效”。例如泰州市部分乡镇污水处理厂存在规划设计过于超前的问题，建设规模明显偏大，地方部门结合乡镇实际供水量和人口规模重新论证，并通过工程措施适度缩减处理规模或对设施进行合理分组，提升污水处理厂运行效率，将“建而不运，运而不足”的问题加以解决。

苏南片区如苏州、无锡为人口流入城市，建制镇常住人口较多，乡镇污水厂规模普遍偏大，且部分建制镇污水处理厂扩建增量。苏南部分地区将多个建制镇合并联建一座污水处理厂，设计规模达到5～10万吨/天。以苏州张家港市为例，该市将6个建制镇合并为两镇后建设一个规模为4万吨/天的污水处理厂，通过管网和泵站收集输送两镇生活污水送入该污水处理厂统一处理。

4.1.2.2 设计水质及排放口

据调研反馈，长江下游（三区）设计进水 COD 一般取 200～300mg/L 左右，NH_3-N 一般取 20～30mg/L，TP 取 3mg/L 左右。江苏省大部分建制镇污水处理厂实际进水 COD 在 100～200mg/L 左右，部分苏南片区管网建设较为完善且污水处理厂管理较好的地区实际进水 COD 可达到 300mg/L 以上，基本与设计进水水质吻合。而苏中、苏北部分地区管网建设滞后、污水处理厂设施管理运行不到位，实际进水水质在 50～1000mg/L 左右，与设计进水水质相距甚远。

出水水质的设定方面，江苏建制镇污水处理厂目前均达到一级 A 排放标准，针对部分重点流域、环境敏感区域如太湖流域，聚焦氮磷水质短板，制定《江苏省太湖地区城镇污水处理厂 DB32/1072 提标技术指引（2018 版）》，并成立专家顾问组，组织开展宣贯培训，指导太湖流域城镇污水处理厂 2020 年底全面完成新一轮提标。目前江苏省内排入太湖流域的建制镇污水处理设施采用更高的地方标准《太湖地区城镇污水处理厂及重点工业行业主要水污染物排放限值》，具体标准见表 4.2。

表 4.2 江苏省内城镇污水处理厂污染物排放标准　　单位：mg/L

主要指标	《城镇污水处理厂污染物排放标准》（GB 18918—2002）				《太湖地区城镇污水处理厂及重点工业行业主要水污染排放标准》（DB 32/1072—2018）	
	一级 A	一级 B	二级	三级	一级、二级保护区	其他区域
化学需氧量（COD）	50	60	100	120	40	50
生化需氧量（BOD_5）	10	20	30	60	—	—
悬浮物	10	20	30	50	—	—
氨氮	5（8）	8（15）	25（30）	—	3（5）	4（6）
总氮	15	20	—	—	10（12）	12（15）
总磷	0.5	1	3	5	0.3	0.5

在排放口的设置上，长江下游江苏省与长江中上游各省基本类似，建制

镇生活污水处理厂入河排放口按照环保法律法规要求规范设置，并由环保部门开展检查和监督性检测。部分地区如太湖流域受纳水体环境敏感，污水排放口审批流程复杂，周期较长，且不再增加新的污水排放口。

4.1.2.3　污水厂工艺及形式

2010 年前江苏省生态环境厅主导建设乡镇污水处理设施，主要采用与城市污水厂相似的活性污泥法）（A^2O 构筑物）和生物膜法（生物接触氧化法构筑物、生物转盘式一体化设备以及膜工艺一体化设备）。部分采用一体化设备的乡镇污水处理设施后期管理维护不到位，同时受到设备使用寿命的限制，实际运行效果不好。近年来，江苏省建制镇污水主管部门转移至住建厅后，省厅以奖代补，对原先选址、工艺选择不科学的建制镇污水厂实施改造或重建。同时将管理维护不到位的老旧一体化设备更换为处理构筑物模式，推进全省建制镇污水收集处理设施全运行。例如高邮市优化乡镇污水处理厂布局，将 11 个乡镇的生活污水整合至 4 座污水处理厂集中处理。泰州市自 2020 年以来对 10 座厂进行设备维修改造，实施“减量增效”提升运行效率。

4.1.2.4　污泥处理

根据江苏省建制镇污水处理设施污泥处置要求，大部分县域实现以县为单位统筹解决乡镇污水处理厂的污泥处置。污水处理厂运行情况较好且镇域经济水平发达的地区基本实现将污泥打包进入城市综合处置，脱水至 80%后统一运送至电厂焚烧或水泥厂等。江苏省部分地区对电厂出台焚烧污泥优惠政策，加大了电厂接受污水处理厂污泥的力度。部分乡镇污水处理厂运行负荷率低或采用产泥量少的生物膜法工艺，生成的少量污泥由乡镇自主处置。

4.1.2.5　污水收集管网

江苏省在管网规划设计阶段注重污水厂网一体，统筹推进污水处理厂与污水管网建设，构建厂网相互配套完善的乡镇生活污水处理系统。加快污水收集管网建设和老旧管网改造，全面推行雨污分流。污水处理设施建设和运行管理并重，稳步提高污水收集和处理率。省厅要求各地抓紧开展乡镇污水管网普查和问题诊断，分析存在问题，绘制完成乡镇污水管网分布现状图和重要排水单位纳管情况一览表，根据“一图一表”，制定污水管网建设和修复改造计划。要求各地按照“十个必接”和污水全收集全处理的要求，加快完善机关、学校、医院、集中居住小区、垃圾中转站、美容美发店、农贸市场、宾馆、饭店和浴室等重点排水户污水收集管网，沿江地区乡镇要率先实现生活污水管网全覆盖，生活污水全收集、全处理。

4.1.3 建设阶段

4.1.3.1 污水处理设施建设

“十一五”期间，江苏省城镇污水处理设施建设快速发展，城镇污水处理总能力从679万吨/天增长至1150万吨/天，实现了县以上城市污水处理设施全覆盖，但建制镇污水处理设施建设仍比较落后。据统计，截至2010年底，全省823个建制镇中，仅有43.5%的建制镇实现了污水处理设施覆盖。

“十二五”期间，江苏省委省政府下发了《关于加快推进生态省建设全面提升生态文明水平的意见》，明确提出了“到2015年，建制镇污水处理设施覆盖率达到90%”的要求。省政府相继印发《关于进一步加强建制镇污水处理设施建设的意见》《江苏省建制镇污水处理设施全覆盖规划(2011—2015)》。经过五年的推进实施，截至2015年底，江苏省建制镇污水处理设施覆盖率达90.4%，实现基本全覆盖。全省共建成镇级污水处理厂562座，处理能力342万立方米/天。

“十三五”期间，江苏省进一步推进建制镇污水处理设施建设，到2020年年底，全省建制镇污水处理设施实现全覆盖。2010—2020年江苏省建制镇污水处理设施覆盖率如图4.1所示。与此同时，江苏省启动了“两减六治三提升”专项行动，“城乡生活污水治理”为“六治”中的一项重点工作。在该阶段，江苏省注重提高已建建制镇污水处理设施的运行率。自2018年，江苏省将建制镇污水设施工作重心从设施全覆盖转向推动乡镇污水处理设施全运行，对原先选择、规模、工艺设计不科学的污水处理设施进行“减量增效”重建改造工作，重点加强污水收集管网的建设改造规划，着力提高污水处理厂收集处理效益。

江苏省按照“规划引导、城乡统筹、厂网并重、建管并举”的思路推进乡镇生活污水处理设施全覆盖全运行工作。各地积极实践统一规划布局、统一实施建设、统一组织运营、统一政府监管的“四统一”工作模式。设施建设以政府组织实施为主，部分地区采取了与专业公司合作的BOT模式。一些地区还实现了区域统筹，采用厂区“接管为主、就近联建、独建补全”、管网“县镇共建”模式。建制镇污水处理设施全面建成后，建制镇污水处理设施配套管网完善和运行管理成为工作的重点。

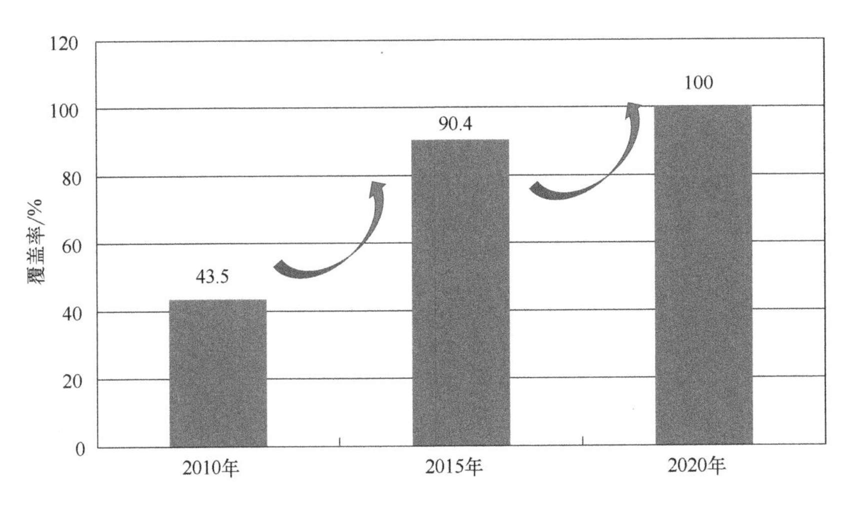

图 4.1　2010—2020 年江苏省建制镇污水处理设施覆盖率

4.1.3.2　污水管网建设

根据住建部 2020 年城乡建设统计年鉴中建制镇排水和污水处理数据，截至 2020 年，位于长江下游的江苏、浙江、安徽、上海三省一市的排水管道长度和排水暗渠密度如表 4.3 所示。可以看出，江苏省走在排水管网的建设完善工作的最前列，江苏省的建制镇排水管网长度和排水暗渠密度均为全国第一。

表 4.3　长江下游三省排水管道长度和排水暗渠长度

	排水管道长度 /km	排水管道密度 /（km/km²）
江苏	21129.52	15.86
浙江	15193.45	13.65
安徽	12183.43	10.51
上海	5901.98	15.40

注：数据来源于住建部 2020 年城乡建设统计年鉴。

但是在江苏省内不同地区的建制镇建成区排水管网建设存在明显的地域差异。苏南地区管网建设较为完善，并且大部分已建区域根据管网现状开展了泵站水质浓度分析，CCTV 检查，重点排查沿河管网、倒虹管、检查井等一系列措施，解决存在的雨污混流、节点通河、管道损坏、施工建设私接偷排等问题。通过完善排水管网信息化 GIS 建设，持续推进污水治理提质增效工作，污水收集水质、水量有了明显提升。而苏中、苏北地区部分乡镇配套污水管网不足，已建管网日常维护不到位，进水量不足、水质浓度偏低，导致建制镇污水处理厂间歇性开启，无法正常稳定运行；部分已建成的污水处理设施没有正常投运。

针对管网建设完善，2019 年江苏省住建厅同生态环境厅印发了《关于进一步加强全省乡镇生活污水处理设施建设和运行管理的指导意见》。统筹推进污水处理厂与污水管网建设，构建厂网相互配套完善的乡镇生活污水处理系统。加快污水收集管网建设和老旧管网改造，全面推行雨污分流。污水处理设施建设和运行管理并重，稳步提高污水收集和处理率。在管网建设单位的选择方面，要求选择有资质的专业设计和施工单位进行污水收集管网设计和施工，切实提高管网建设质量。

4.1.4 运维阶段

4.1.4.1 运维概况

2007 年苏南地区乡镇污水处理设施已实现全覆盖，经过几年的提升改造工作，目前无锡、苏州、南通三市乡镇污水处理设施正常运行率达 100%。苏中地区乡镇污水处理设施全运行率相对于苏南片区较为落后，镇江市 96%、常州市 80%、扬州市 73%、南京市 69.4%，泰州 53.4%。苏北片区徐州市、淮安市和宿迁市乡镇污水处理设施运行率较高，分别为 96.8%、96.5%、91.1%，连云港市和盐城市分别达到 66%和 60.1%。江苏省不同地区建制镇污水处理设施全运行率对比见图 4.2。

4.1.4.2 运维模式

在建制镇污水收集处理设施运行管理方面，江苏省在建制镇污水收集处理设施建设过程中，采用过建制镇自主运营、委托第三方公司运营等多种运

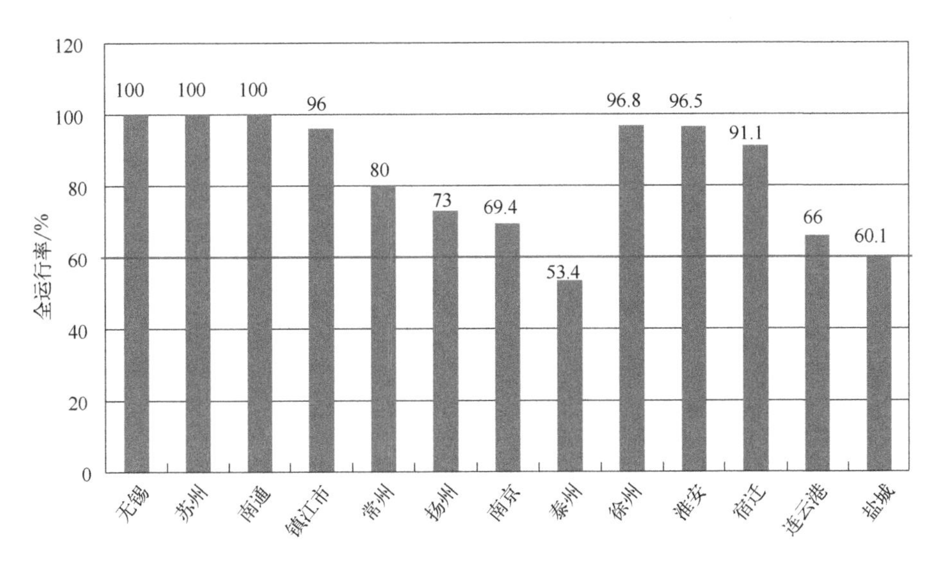

图 4.2 江苏省不同地区建制镇污水处理设施全运行率

数据来源：江苏省住建厅

维模式，过程中发现了不同运维模式的优缺点。由建制镇政府自主运营的污水处理厂专业技术人员匮乏，总体来说镇级污水处理厂处于盲目运行状态。“十一五”“十二五”阶段部分与民营企业合作的污水处理 PPP 项目存在投资费用过高，政府无法持续承担后期运营管理维护费用而导致建制镇污水收集处理项目未能实际运行的情况。

江苏省在几年的建设管理过程中逐步形成了政府成立专项小组，委托专业水务集团或环保公司统一运营的模式。近年来江苏省多个市县成立了水务集团负责全市、全县城镇区域性污水处理设施的管理，加强对所辖市（县）区域的城市和乡镇污水处理设施的统一建设运行。南京、苏州、扬州等市引入第三方管理模式，对污水处理厂进行季度考核、不定期检查、月度水质检测，部分地方根据考核等次按质付费、按质奖励，激励运营企业优化出水水质。泰州姜堰区、兴化市等地回购市场化运营的乡镇污水处理厂并委托第三方专业机构运行管理。

4.1.5 管理机制

2010 年前江苏省建制镇污水主管部门在生态环境厅，2010 年后移交至住房和城乡建设厅。目前污水处理市级层面由住建局和水务局管理。为加强监督考核和技术指导，保障污水处理设施效益发挥，江苏省住建厅制定《江苏省城镇污水处理工作规范化评价标准（试行）》《江苏省城镇污水处理厂运行管理考核标准》，组织对全省建制镇污水处理厂运行管理工作进行现场检查，督促整改存在的问题。积极将省太湖流域城镇污水处理信息管理系统拓展应用至全省，加强乡镇污水处理监管。将连云港、淮安、盐城、泰州市乡镇污水处理工作纳入省政府挂牌督办项目，推动实施整改。加强薄弱地区的帮扶指导，委托第三方单位定期开展苏中苏北地区乡镇污水处理工作技术指导。逐步开展建立徐州、南通、盐城、泰州等地市县级污水处理信息管理平台，强化信息化监管。

2016 年江苏省住建厅会同省财政厅、省物价局等部门印发了《江苏省城镇污水处理费征收使用管理实施办法》，规范污水处理费的征收使用管理，明确了建制镇污水处理费征收标准。会同省物价局印发《江苏省城镇污水处理定价成本监审办法》，强化污水处理费征收管理，科学开展价费调整。目前江苏省采用自来水代征的方式征收污水处理费，苏南地区征收污水处理费≥0.6 元/t，苏中苏北片区≥0.4 元/t，但并未完全征收到位。江苏省厅也加大资金投入，从 2018 年开始省财政连续三年对苏中苏北地区 50 个县市安排专项财政资金 13.1 亿元，推动苏中苏北地区加快开展建制镇污水处理设施全运行工作。

4.2 典型建制镇污水收集处理调研分析

根据建制镇经济发展、水资源、空间位置、污水收集处理能力、建管模式与工艺类型等方面的特点，并通过与江苏省厅相关同志的共同商议，长江下游（三区）实地调研了江苏省以下几个建制镇：南京市江宁区禄口街道铜山镇、徐州市铜山区张集镇、张家港市塘桥片区。其中南京市、徐州市、张家港市分别代表江苏省苏中、苏北、苏南片区。

4.2.1 南京市江宁区禄口街道铜山镇

4.2.1.1 项目概况

禄口街道位于南京市江宁区南境，总面积 165 平方公里，辖 30 个社区，人口 85670 人（2010 年）。禄口街道曾被确定为全国重点镇、省新型示范小城镇、省市建设重点镇和中心镇，南京市实施“三城九镇”战略第一镇。目前禄口街道污水收集处理主管部门在江宁区水务局和生态环境局，街道委托南京江宁水务集团有限公司禄口分公司运营禄口街道片区污水处理厂。

据调研了解，铜山镇区现有污水管网大部分已实现雨污分流，总长为 15km 左右，包含 10km 雨水管网和 5km 污水管网，管网建设投资约 80 万元（不包含土地征收费用和拆迁费用）。本次调研的南京江宁区禄口街道铜山污水厂（图 4.3）位于禄口街道陈巷社区，该镇区建成区面积为 3500 平方公里，户籍人口 3.5 万人，常住人口 2 万人左右，年供水量在 130 万吨左右。铜山污水厂厂区总面积约 7000m^2，总规模 5000m^3/d，现实际处理量为 2000m^3/d，负荷率为 40%。据调研了解，南京市有 36 个乡镇污水处理厂纳入省内考核，其中有 10 个厂负荷率在 20%以下，达不到江苏省对乡镇污水处理厂全运行的考核标准。

图 4.3　南京江宁区禄口街道铜山污水厂

4.2.1.2　建设模式

铜山污水处理厂由禄口街道立项，江苏环境技术中心设计，盐城二建建设，该工程于2011年3月正式开工，2011年9月竣工，交于禄口水务公司运营。该厂总投资1205.4万元，其中土建（含附属）投资约783.2万元，设备（含电施设备）投资约122.2万元，供电及污水管网投资约300万元。为了提高污水处理的排放标准，禄口街道办事处2014年至2015年启动了禄口污水处理二厂提标改造工程项目，该项目总投资880万元。

4.2.1.3 技术工艺

铜山污水处理厂收集污水主要为禄口街道铜山镇范围的生活污水和部分工业废水，采用活性污泥法处理工艺，按构筑物模式建设，设有格栅、沉砂池、A^2O池、二沉池、储泥池等。原先出水排放标准按一级B设计，2014年进行二期提升改造项目，使尾水排放标准提升为一级A排放标准。二期改造对前期进水粗格栅、提升泵站、旋流沉砂池、细格栅、生化池、微孔曝气、二沉池各单体进行了改造，同时增加深度处理设备、纤维转盘池和紫外线消毒渠。铜山污水处理厂尾水排放至附近的排涝泵站前池，经排涝泵站排至团结河，最终流入秦淮河。污泥经浓缩脱水后送至江宁国联科技有限公司进行无公害处置。

据调研了解，铜山污水处理厂进水水质浓度不高，具体进出水水质数据见表4.4。进水COD在120mg/L左右，最高为133mg/L，最低为101mg/L。

表4.4　2021年铜山污水厂实际平均进出水水质

水质指标	COD /（mg/L）	NH_3-N /（mg/L）	TN /（mg/L）	TP /（mg/L）
进水	123	17.8	20.6	2.45
出水	13	0.17	4.57	0.09

4.2.1.4 运维管理

南京市禄口街道建制镇污水处理厂采用由政府自建，委托第三方单位运营的模式。委托运营单位为南京江宁水务集团有限公司禄口分公司，后转移至其子公司南京宁清环保服务有限公司。该单位目前管理了禄口街道10个乡镇污水处理厂，总规模为8万吨/天。禄口街道每个乡镇污水处理厂都安装了监控设备，数据传输到监控平台。同时每个厂区配备有运行维护管理人员，以保证厂内设施的正常运行和出水达标排放。水厂配备有进出水在线监测设备，检测指标包括流量、pH、COD、NH_3-N、TN、TP六项指标，在线监测设备数据实时传输到平台，市水务局对其进行考核监督。另外，市水务局按照城镇污水处理厂的标准每半年对水厂进行一次考核检查。

铜山污水处理厂年度运行维护费用为250万元，包含约83万元药剂费，40万元在线监测设备的维护费、人工费用和设备维修费等，污水厂运行电费由街道承担，约150万元/年。目前厂区污泥脱水至80%后运送至电厂焚烧，处理成本为305元/t。铜山区污水处理费采用自来水代收的方式由街道统一收取后返还给第三方运营单位，污水处理费收费标准为1.65元/t。

禄口街道污水管网由区政府自筹建设，目前由街道管理。据调研了解，街道相关部门正在进行禄口街道片区污水管网“一图一表”工作，水务集团后续会接手该片区污水管网的运维工作，实现厂网一体，统一运营管理。

4.2.1.5 综合评价

南京市禄口街道10座乡镇污水处理厂最小规模为1000t/d，最大为10000t/d，均由区政府和街道政府建设，委托地方水务集团统一管理运营。厂内配有在线监测设备和监控平台，可达到对水质、水量的实时监控，厂区配有专业运维人员，管理较为专业。目前存在的主要问题是，其中4座污水处理厂运行负荷率较低，不能达到60%，铜山污水处理厂是其中一座。其主要原因是镇区内有学校，排放污水量随学生活动有季节性波动。且污水厂建成较早，构筑物未分组建设，不便于根据水量调节运行。进水水质存在C/N比失衡问题，其主要原因是进水包含部分工业废水，而工业废水排入市政管道前已经过较为彻底的预处理，可生化COD低，进而影响了乡镇污水处理厂进水水质。由于进水水量、水质较低，需外加碳源等，铜山污水处理厂运行成本较高，污水处理成本达5.48元/t。污水厂运行电费由街道政府承担，第三方运营单位处理成本约3.42元/t。目前禄口街道污水管网仍由街道管理维护，未实现厂网一体化运营。

4.2.2 徐州市铜山区张集镇

4.2.2.1 项目概况

徐州市铜山区下辖16个建制镇，建成13座污水处理厂。未建设污水厂的刘集、汉王及棠张3镇污水接入附近城市污水处理厂处理，总处理规模为3.75万吨/天。目前，全区建制镇污水管网并未实现雨污分流，累计建成污水主、支管网约245km，提升泵站5座，实现污水处理设施100%覆盖，当前全区建制镇污水处理设施运行负荷率均达到80%以上。

本次实地调研的铜山区张集污水处理厂主要服务范围包括张集镇镇区以及周边农村范围内生活污水和镇区部分工业废水，服务面积4.1km^2，服务镇域户籍人口3.36万人，常住人口0.76万人左右。张集污水处理厂（图4.4）占地23.09亩，一期工程日处理量5000t/d，现实际日处理量为4200t/d。

图4.4 徐州市铜山区张集污水处理厂

4.2.2.2 建设模式

铜山区建制镇污水处理设施建设主要由区政府、镇政府投资建设，采用

“独建、联建、接管”三种措施。其中“独建”12 座，分别为利国、单集、郑集、柳泉、房村、伊庄、张集、黄集、茅村、马坡、何桥、大彭；“联建”4 个镇，分别为柳新、刘集联建，厂址设在柳新镇，大许、徐庄联建，厂址设在大许镇；“接管”3 个镇，三堡污水接入龙亭污水处理厂，棠张污水接入新城区污水处理厂，汉王污水接入玉带河截污管网。2017 年以前，建制镇污水处理工作由各镇政府具体负责，总建成污水管网约 100km。2017 年后，铜山区建制镇污水收集处理设施由区政府统一管理。2017—2020 年总计建设、改造管网 128.8km。全区建制镇污水处理设施工程规划概算总投资 5.7 亿元，其中污水处理厂 1.2 亿元，污水管网及提升泵站约 4.5 亿元。张集污水处理厂建设投资 2000 万元。

4.2.2.3　技术工艺

张集污水处理厂是采用构筑物建设模式的活性污泥法工艺，前端设有水解酸化池，末端设有混凝沉淀池和无阀滤池。出水按一级 A 排放标准。张集污水处理厂配有进出水水质在线监测仪器，检测指标包括流量、pH、COD、NH_3-N、TN、TP 六项指标，近期进出水水质见表 4.5，同样存在进水水质 C/N 比失衡的问题。污水厂出水一般用作农田灌溉，污泥运送至江苏徐矿综合利用发电有限公司焚烧处置。

表 4.5　2021 年张集污水厂实际平均进出水水质

水质指标	COD /（mg/L）	NH_3-N /（mg/L）	TN /（mg/L）	TP /（mg/L）
进水	128	28	35	1.9
出水	12	0.5	12	0.2

4.2.2.4　运维模式

张集污水处理厂采用政府建设，委托运营模式，目前由江苏广洁环保科技有限公司运行维护。厂内配有多名维护管理人员，负责保证污水处理厂的正常运转，未安装监控设备，不能实现远程监控。污水处理厂年度运行维护费用为 240 万元，其中占比最大的是人工和电费，人工占比 45%，电费为

35%，药剂占 20%，吨污水处理成本为 1.4 元/t。厂内污泥运送至电厂焚烧处置，成本为 260 元/t。厂内在线测设备由另一家第三方公司提供设备和服务，政府购买该公司在线监测服务，每年 330 万元，第三方单位提供设备以及后期运行维护管理服务。张集镇区建成污水管网12km，由政府投资建设，同样交由污水处理厂运营维护单位维护管理，全区建制镇管道年度维护费用达 180 万，张集镇 9 万。

4.2.2.5 管理机制

2017 年以前，徐州市铜山区乡镇污水处理厂和污水收集管网由镇政府投资独立建设，建制镇污水处理工作由各镇政府具体负责。由于缺乏建设管理及运行专业人员，建设阶段即存在施工质量不高、管网不健全等问题，部分污水厂进水量不足，出现“建而不运，运而不管”现象。针对以上现象，2017 年后，铜山区政府水务局接管区内乡镇污水处理设施和管网的建设管理工作，为提高全区已建乡镇污水处理设施的运行率，区政府做出以下管理工作：

（1）过渡期运行模式。鉴于镇级自主运营模式因人员、技术、资金等原因，难以长期维持，市场化委托运营方案又因设定保底水量，在当时大部分镇级污水厂进水量不足的情况下，总运行成本较高，经区政府同意，采用过渡期运行模式。过渡运行模式运营主体为环保公司，对全区 13 座建制镇污水处理厂进水量情况，分为运行、维护两种方式，其中水量适宜的厂区投入人员，及时运营；其余水量不足以满足基本运行的厂区，由环保公司投入少量人员开展维修、养护工作。该方案仅支付人员工资、电费及药剂费等，不设保底水量，可节省运行资金（无利润），较为划算；同时，针对部分污水厂进水量不足的情况，及时投入人员保养，可以防止设备锈蚀、损坏。

（2）增加进水量采取的工程措施。为解决污水量不足问题，区委区政府明确自 2017 年起由区水务部门负责镇级污水处理设施的完善、管理工作，要求加大投资力度，尽快提升管网收集能力，实现专业化规范运行。铜山区水务局牵头编制《铜山区建制镇污水处理设施全运行实施方案》并通过省住建厅、市水务局审查，采取理顺一期管网、建设二期支管网、完善一期主管网等三种整改措施。建制镇污水集中收集处理率由 2017 年的不足 50%提高至当前的 85%，各污水厂均实现稳定运行，水环境质量得到显著提高。

（3）全面推进市场化运营工作。在污水厂运行方面，铜山区坚定市场化委托运营路线，优选“有技术，有资金，有信誉”的专业污水处理厂运营公司，确保污水处理厂得到规范化运行。同时，按照省、市要求，积极探索厂网一体化运行维护机制，推行同一污水处理厂服务片区内的管网由一个单位实施专业化养护的机制，保障生活污水收集处理设施的系统性和完整性。2018 年在各污水厂进水量大幅增加的情况下，区水务局公开招标，择优选取江苏广洁环保公司作为污水处理厂运行和污水管网养护公司。目前，区财政每年安排镇级污水处理设施运营、监管等经费约 2800 万元。

（4）污水厂运行监管。铜山区严格按照省生态环境厅、住建厅要求在 14 座建制镇污水处理厂进出水口配置 COD、NH_3-N、TN、TP 等在线监测仪器，分片区在全区范围内设置 5 座标准化验室（郑集、柳新、张集、大许、利国）、1 座简易化验室（茅村），提升监管效果，确保厂区运行好、出水效果好。同时，为加强对污水设施的管理、监测、监控，提升厂区、泵站及管网运行的信息化与智能化管理水平，开展了建制镇污水处理设施信息化建设工作，实现可实时监控水量及各项水质指标。

（5）污水处理费收支情况。根据铜山区物价局《关于调整铜山城区污水处理费收费标准的通知》及《关于徐州市铜山区农村自来水价格调整的通知》，铜山区城镇污水处理费分 4 类征收，分别为居民生活用水、生产用水、行政事业用水、特种用水。其中，城区收费标准为：居民生活用水 0.96 元/t，生产用水及行政事业用水 1.4 元/t；农村地区收费标准为：居民生活用水 0.35 元/t，生产用水及行政事业用水 0.6 元/t。目前，上述费用由区自来水公司负责收取，城区已完全覆盖，建制镇 2021 年实现全面开征。经统计，2019 年全年收污水费 1905.9 万元，其中城区 1871.6 万元，乡镇 34.3 万元，2020 年 1—10 月收取污水费 1586.3 万元，其中城区 1517.3 万元，乡镇 69.3 万元，2021 年预计全年可收取污水费 2650 万元（城区 1820 万元，乡镇 830 万元）。

4.2.2.6　综合评价

徐州是苏北片区经济实力较为发达城市，铜山区作为徐州的核心区之一，其建制镇污水收集处理工作也走在了前列，实现全区建制镇污水处理设施 100%覆盖，设施运行负荷率均达到 80%以上。区委、区政府明确主管单位和责任主体，由区水务局统一负责城镇村三级污水处理设施建设管理工作。采用政府监督管理结合 PPP 建设改造、过渡期运行、委托“有技术，有资金，有信誉”的专业污水处理厂运营公司等多种管理模式手段，规范设施运营管理，倡导厂网一体化运维，提高设施管理水平和智能化管理能力。目前该镇污水处理厂存在的问题是进水水质较低，且 C/N 比失衡，其主要原因是有食品精加工工业废水接入市政管网，而工业废水经过处理后可生化 COD 较低，含氮量较高，进而影响建制镇污水厂进水水质浓度。建议与环保局协调工业废水接入市政管网的接入方式、排水标准等，以保证建制镇生活污水厂的正常运行。同时该镇区污水管网目前为雨污合流制，这也是导致进水水质偏低的一个原因，建议分步实施，尽快推进镇区污水管网改造工作。

4.2.3 张家港市塘桥片区

4.2.3.1 项目概况

张家港市处于中国沿江及沿海两大经济带的交汇处，上海、南京、苏州、无锡等大中城市环列四周，是长江三角洲上海经济圈的重要组成部分。张家港市作为江苏省县级市，由苏州市代管，辖 8 镇 2 区：8 镇分别为杨舍镇、金港镇、锦丰镇、塘桥镇、乐余镇、凤凰镇、南丰镇、大新镇；2 区分别为常阴沙现代农业示范园区、双山岛香山旅游度假区。张家港市水系属长江流域太湖水系，境内水网贯通，交织成网，有大小河道 8073 条，总长 4074.3km，平均每平方公里陆地有河道5.18km。长江萦绕于西北、北和东北面，属典型平原感潮河网地区。

张家港建制镇于 2008 年开始建设小型污水处理设施，但前期规划设计、运行管理均不规范。因此市水务局、排水科针对此问题编制《张家港市市域生活污水处理规划》（2008 年）、《张家港市水环境综合治理三年行动计划（2015—2017 年）》、《张家港市污水专项规划（2019—2035）》，对近 5～10 年市镇乡污水工程、污泥处置、环境综合治理进行总体统一规划。

目前张家港市基本实现雨、污分流制度，但部分建成区，雨污合流现象仍有存在，部分住宅小区、企业内部雨污合接现象仍有发现。随着近年农村生活污水治理计划的稳步实施，集镇区和近郊农村地区污水管网设施的完善，雨污合流和直排问题已经逐步得到较大缓解。目前，张家港已形成5个污水处理系统（片区），分别为：杨舍片、塘桥片、金港片、锦丰片、乐余片。5个污水片区对应10座城镇污水厂，现状总规模22.7万吨/天，污水泵站43座。相应配套污水主管网约178km，全市现状市政污水管网约621.8km，农村污水主网管约580km，共1201.8km。

本次调研了张家港市塘桥片区污水处理设施。塘桥片区包括塘桥镇和凤凰镇两镇，由6个建制镇合并而成，总面积173.06km^2，总户籍人口21万人，常住人口27万人。塘桥片区污水处理设施主要处理塘桥镇、凤凰镇（西张）镇区、鹿苑办事处、凤凰办事处、港口办事处等街道镇区的生活污水。该厂于2011年建成，一期规模2万吨/天，运行负荷率达82.5%。2019年二期扩建后总规模5万吨/天，实际处理量3万吨/天，运行负荷率为60%。塘桥镇区现有排水管网150km，基本实现雨污分流。

4.2.3.2 建设模式

2008年前，张家港市建制镇建设有独立的小型污水处理设施，但设施质量参差不齐，且运行管理十分不规范。2009年后，由张家港市政府牵头，张家港市水务局及张家港市给排水公司参与组建，成立张家港市域污水处理工程规划实施领导小组，负责污水专项规划的实施、协调和落实工作。张家港市城镇污水处理设施的建设按照省住建厅要求"统一规划、统一建设、统一运营、统一管理"的"四统一"工作模式，张家港市建制镇区域污水处理设施的建设均由政府投资，采用EPC工程总承包模式建设，政府招标委托一家工程公司对设计-采购-建造进行总承包。张家港市城镇污水处理设施的建设按照"统筹城乡治理，完善污水收集"的原则，将全市分为五个片区，统一规划各片区内城乡污水处理设施的建设。

调研的塘桥区污水处理设施由张家港市水务局牵头，采用建管统一模式建设。塘桥片区集合了塘桥镇、凤凰镇两个镇区，两个镇区由先前的6个建制镇合并而成。该污水厂采用镇区联建的方式，设置一座污水处理厂，同时敷设镇区管网和污水提升泵站将两镇内生活污水收集入厂。一期工程投资1.2亿，二期扩建提标改造投资7000万元，污水管网建设投资成本约100万元/公里，镇区管网建设总投资在1.5亿左右。

4.2.3.3 技术工艺

塘桥区污水处理厂（见图 4.5）采用活性污泥法和生物膜法组合 MBBR 工艺，主要处理构筑物包括水解酸化池、改良型填料 A^2O 池、絮凝沉淀过滤池和消毒池，排放标准按一级 A 执行。2019 年二期扩建并进行提标改造，尾水通过生态湿地系统（见图 4.6）排入华妙河，排放标准采用更高的地方标准《太湖地区城镇污水处理厂及重点工业行业主要水污染物排放限值》（DB 32/1072—2018），达到准Ⅳ类出水。其进出水水质指标见表 4.6。厂区设有进出水水质在线监测设备，检测指标包括进出水流量、pH、COD、NH_3-N、TN、TP 12 项指标，市水务局、水厂运维单位均可通过平台实时查看各项水质指标。污水厂污泥外运至发电站焚烧处置，污泥处置成本为 320 元/t。

图 4.5 张家港市塘桥区污水处理厂

表 4.6 2020 年 9 月塘桥区污水厂实际进出水水质

水质指标	COD /（mg/L）	NH_3-N /（mg/L）	TN /（mg/L）	TP /（mg/L）
进水	70	15.3	25.7	2.79
出水	12.70	0.31	6.58	0.2

图 4.6　张家港市塘桥区污水处理厂尾水生态湿地系统

4.2.3.4　运维阶段

张家港塘桥区污水处理厂采用委托运维模式，政府委托国有企业张家港市给排水公司运营维护市内所有城镇污水处理厂。厂区设有远程监控、自动化控制系统，控制中心设置在城区污水处理厂，可实现远程操作，无人值守。厂区内按污水处理厂规模配有 6 名运维管理人员，保证污水厂正常运行。污水处理成本为 1.2 元/t，年度运行维护费用约 1000 万元，包括电费、人工费、药剂费和设备维护费用等，其中电费占比为 30%～40%，药剂费占 20%～30%。张家港市建制镇污水处理费收费标准为 1.3 元/t，2020 年收费 2.06 亿元，收后返还给污水处理厂运维单位，不足部分由政府补助。市政污水主管部门每年对污水处理厂运行考核 2 次。张家港市建制镇区域污水管网由政府运营维护，2019—2021 三年持续进行管网修复工作，目前共修复 2000km，管网修复成本约 30 元/km，费用均由政府财政支出。

4.2.3.5　综合评价

张家港市作为苏南地区经济强镇和太湖流域水环境敏感区域，其建制镇污水处理设施的规划建设运行都走在全省前端，有许多值得借鉴的经验。第一是明确责任主体和主管单位。市水务局牵头，成立市域污水处理工程规划实施领导小组，负责污水专项的规划实施、协调和落实工作。第二是规划先行引领项目建设。每个阶段制定5～10年的污水规划，注重厂网一体，泥水并重。将地理位置邻近的建制镇纳入统一规划，设计建设区域性污水处理设施，便于后期运维管理。第三是实施“统一规划、统一建设、统一运营、统一管理”的“四统一”工作模式，政府统一建设，委托实力较强且管理专业的国有企业对建制镇污水处理厂打包运营。目前张家港市建制镇污水处理设施的运行管理也存在一定问题：一是进水水质不高，主要原因可能是因为管网较长导致的漏损和地下水渗入，需进一步对镇区已建污水管网排查修复，提高污水管网收集水量和质量；二是冬季气温较低时处理效果不好，出水TN控制较难，外加碳源量大，需进一步改进处理工艺和技术提高冬季污水处理效果。

4.3 污水处理风险与问题

根据与江苏省住建厅相关同志座谈以及实地调研情况了解到，江苏省建制镇污水收集处理设施建设运行中仍存在一些问题。

4.3.1 处理设施水平参差不齐

较多早期建设的地方乡镇污水处理设施，建设时未经过充分的规划和论证，有的项目场地选址、设计规模有问题，进水量和进水水质制定过高；有的处理工艺落后，未经论证采用质量较差的一体化生态处理设施，出水水质不稳定，无法满足敏感地区一级A达标排放的要求；有的项目施工建设质量不高，设施设备损坏情况严重，导致设施不能充分发挥效益。苏南大部分地区都实施了项目改建重建，提标改造，目前乡镇污水处理设施进水水量、水质以及运行负荷率可达到设计要求，苏中、苏北地区还有待加强提高。

4.3.2 部分地区配套管网建设比较滞后

江苏省建制镇污水处理设施已达到全覆盖，但污水配套管网建设比较滞后。苏中、苏北地区部分乡镇配套污水管网不足，已建管网日常维护不到位，进水量不足、水质浓度偏低，污水处理厂间歇性开启，无法正常稳定运行；部分已建成的污水处理设施没有正常投运。部分地区“四统一”工作模式尚不健全，“一图一表”编制较为粗糙，“十必接”仍待进一步深入。

4.3.3 运行管理水平不高

苏中、苏北地区由于运行操作人员少，专业技术人员缺乏，操作管理经验不足，无法科学有效地管理调控污水处理厂实际生产运行；同时由于设施规模较小，未配备化验室或化验室仪器设备，镇域也未建设统一的水质化验中心，出水水质检测频次低，设施处理效果难以保障。大部分污水处理厂运行管理台账不全，记录不规范，无法指导工艺调控。

4.3.4 行业监管不到位

目前江苏省内仅有太湖流域和部分地区建设建制镇污水收集处理设施信息化监管平台，但未形成全省统一的建制镇污水收集处理设施信息化监管平台。苏中、苏北部分地区在线监控设备缺失、监管水平低，部分地方行业主管部门存在对乡镇污水处理情况不清、监管缺失的问题，无法及时掌握乡镇污水处理设施运行状况，需加快建制镇污水收集处理设施监管水平落后地区的监控设备的投入，并提高监管水平。

4.3.5 运行经费不到位

苏中、苏北地区部分县（市、区）污水处理费征收不足，污水处理厂运行管理费用大部分由各级财政承担，经费来源可持续性差（根据物价部门核定，目前江苏省城市净民生活污水处理费标准 0.7～1.67 元/ m^3，非居民生活污水处理费标准 0.73～1.95 元/m^3；而核定的建制镇污水处理费，苏南地区不低于 0.6 元/m^3，其他地区不低于 0.4 元/m^3，且并未完全征收到位。

4.4 小结

长江下游地区（三区）经济较为发达，建制镇污水收集处理能力走在长江经济带区域前列。“十二五”期间，江苏省建制镇污水处理设施覆盖率达

90.4%，实现基本全覆盖。到2020年年底，全省建制镇污水处理设施实现全覆盖。但仍存在污水处理设施整体运行率不高的问题，仍有16.8%建制镇污水处理厂运行负荷率达不到20%，苏中、苏北地区运行水平低于苏南地区。根据此次调研了解，江苏省在推进建制镇污水处理厂全覆盖到全运行的过程中有丰富的经验，总结如下：

（1）坚持规划先行，科学推进城镇生活污水处理。江苏省按照“规划引导、城乡统筹、厂网并重、建管并举”的思路推进乡镇生活污水处理设施全覆盖全运行工作。江苏省90%建制镇污水处理设施规划、建设、管理实现县域打捆，由区（县）级政府主管部门统一管理，各地积极实践统一规划布局、统一实施建设、统一组织运营、统一政府监管的“四统一”工作模式。以县（市、区）全域为单元，统一规划布局，统筹建设和运营监管，乡镇加强属地协调和落实保障，县（市、区）与乡镇各司其职。构建县级污水处理行业主管部门统一监管指导、乡镇人民政府具体落实的工作体系。

（2）强化目标任务分解，持续加大乡镇污水处理设施能力建设。根据不同阶段现状制定污水规划，逐步推动乡镇污水处理设施全覆盖到设施全运行。省厅主管部门指导各地开展现状评估，对不能满足处理要求的，纳入计划尽快实施改造提升或重新建设，同时结合各地城市总体规划和污水处理专项规划，可采用“城旁接管、就近联建、独建补全”三种规划思路，优化调整设施布局，提高区域污水处理能力。对于存在污水收集系统不完善问题的地区，重点加强污水收集管网建设与改造，着力提高污水处理厂收集处理效益。

（3）合理确定污水处理规模，针对规模明显偏大设施实行“减量增效”。新建建制镇污水处理厂规模确定应结合建制镇实际污水处理量，按照建制镇常住人口，取定恰当的用水定额及污水量。除经济发达、有工业园区规划或有旅游产业的建制镇人口采用规划人口外，其余建制镇采用镇区常住人口进行污水厂规模的计算。对于已建的但规模设计不合理的建制镇污水处理厂，实施“减量增效”改造，结合乡镇实际供水量和人口规模重新论证，并通过工程措施适度缩减处理规模或对设施进行合理分组，提升污水处理厂运行效率。

（4）在已实现设施全覆盖的地区完善配套管网，注重污水厂网一体。开展建制镇污水管网普查和问题诊断，分析存在问题，绘制建制镇污水管网分布现状图和重要排水单位纳管情况一览表。根据“一图一表”，制定污水管网建设和修复改造计划。按照“十个必接”（机关、学校、医院、集中居住小区、非化工工业集中区、农贸市场、垃圾中转站、宾馆、饭店和浴室）原则，加快推进建制镇污水收集管网建设，提高设施运行负荷率，充分发挥设施效能。

（5）注重处理设施和管网建设工程质量。建制镇污水处理厂和配套管网的建设过程中注重工程质量，严格要求设备、材料的选择和施工质量的把控。强化工程建设质量控制，把好污水处理设施设备选型、管材、检查井施工和沟槽回填等关键环节质量关，严格验收管理，确保做一片成一片，不欠新账。加强乡镇污水管网的维护管理，开展管网排查检测修复，逐步还清旧账，提升乡镇生活污水收集处理效能。

（6）持续推动各地完善健全“四统一”工作模式，坚持“政府主导，市场参与”。县（市、区）污水处理行业主管部门加强对乡镇生活污水处理的监督管理，稳步推进统一运营管理，构建良好的污水处理工作机制。苏南经济发达人口密集的建制镇区域实现了区域统筹，采用厂区“接管为主、就近联建、独建补全”、管网“县镇共建”模式。鼓励社会参与，建立完善乡镇生活污水处理设施建设和运行管理市场化投入渠道。以县域为单元采取统一打包委托专业单位进行建设运营管理。设施建设以政府组织实施为主，采取 EPC、PPP 或 BOT 模式。

（7）委托“有技术，有资金，有信誉”的专业污水处理厂运营公司。鉴于镇级自主运营模式因人员、技术、资金等原因，难以长期维持，政府可将区域内乡镇污水处理厂与城镇污水处理厂打包委托水务集团、有信誉且管理技术专业的第三方运营公司统一运营管理城镇、乡镇污水处理厂。引入优质第三方管理模式，对污水处理厂进行季度考核、不定期检查、月度水质检测，部分地方根据考核等次按质付费、按质奖励，激励运营企业优化出水水质。在镇级污水厂进水量不足的情况下，可经政府同意，采用不设保底水量，以“运行维护”为主的过渡期运行模式。

（8）加强监督考核和技术指导，保障污水处理设施效益发挥。省厅制定《江苏省城镇污水处理厂工作规范化评价标准（试行）》《江苏省城镇污水处理厂运行管理考核标准》，组织对全省建制镇污水处理厂运行管理工作进行现场检查，督促整改存在的问题。规模在 500t/d 以上的乡镇污水处理厂严格按照省生态环境厅、住建厅要求在进出水口配置在线监测仪器，分片区在全区范围内设置标准化验室，提升监管效果，确保厂区正常运行和出水效果。可通过购买第三方公司在线监测服务的方式配置在线监测设备，一方面节省购买在线检测设备的资金，另一方面保证专业的运维技术。同时要加强污水处理设施信息化平台的建设，积极将省太湖流域城镇污水处理信息管理系统拓展应用至全省，建立建制镇污水处理设施信息化平台，加强乡镇污水处理监管。

（9）强化政策支持，积极推进乡镇生活污水治理工作良性发展。江苏省制定印发《江苏省城镇污水处理费征收使用管理实施办法》，规范污水处理费的征收使用管理，明确了建制镇污水处理费征收标准。印发《江苏省城镇污水处理定价成本监审办法》，强化污水处理费征收管理，科学开展价费调整。加大资金投入，推动苏中苏北地区加快开展建制镇污水处理设施全运行工作。

第5章

长江经济带建制镇污水收集处理调研分析

课题组先后赴6省21县（市、区），共深入27个建制镇进行调研。总体来说，污水处理状况与当地经济发展状况呈现明显正相关，不同省份的建制镇污水处理项目处于项目全生命周期的不同阶段，面临的问题各不相同。科学研判现存问题及主要原因，在总结借鉴的基础上为“十四五”对策措施提出相关建议。

5.1 整体现状分析

5.1.1 污水规划

根据住建部2020年城乡建设统计年鉴，为加快建制镇建设，长江经济带共有7731个建制镇完成总体规划的编制，平均占比88.76%，具体情况如表5.1和图5.1所示。但调研发现，针对污水专项的规划较少，除江苏省外，大部分仅在总体规划中提及，且部分参数与现状不匹配。

表5.1 长江经济带建制镇总体规划编制情况

省份	建制镇数量/个	有总体规划的建制镇数量/个	有总体规划的建制镇比例
上海	99	82	82.83%

续表

省份	建制镇数量/个	有总体规划的建制镇数量/个	有总体规划的建制镇比例
江苏	667	655	98.20%
浙江	571	545	95.45%
安徽	883	823	93.20%
江西	726	706	97.25%
湖北	699	655	93.71%
湖南	1041	961	92.32%
重庆	584	557	95.38%
四川	2016	1456	72.22%
贵州	833	727	87.27%
云南	591	564	95.43%

注：数据来源于住建部2020年城乡建设统计年鉴。

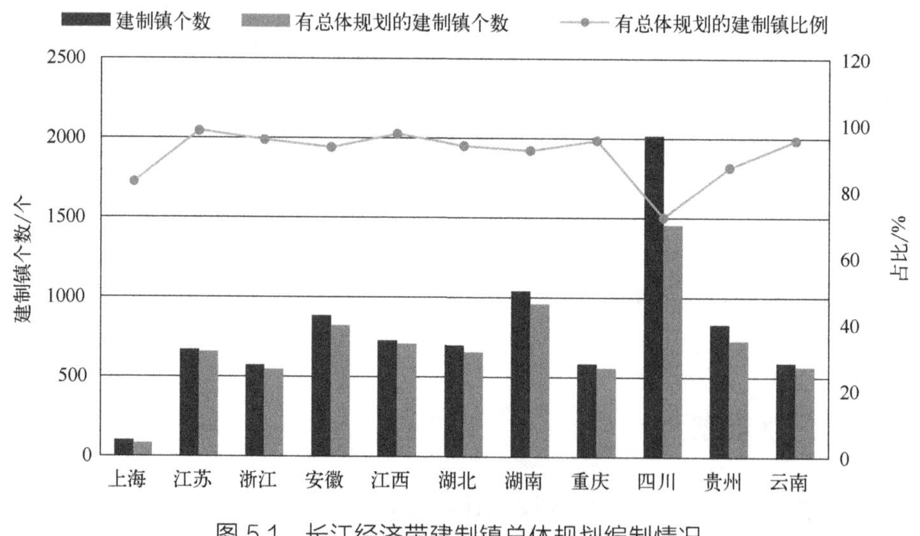

图 5.1　长江经济带建制镇总体规划编制情况

5.1.2　设计阶段

5.1.2.1　污水厂规模

通过对长江经济带六个省的调研得出，建制镇污水厂设计规模主要集中在 200～5000m^3/d，中小规模污水厂占比较大（表 5.2）。

表 5.2　调研省污水厂规模分布范围

地区	污水厂规模主要分布范围/（m^3/d）
江西	200～500
湖北	500～5000
四川	100～5000
贵州	200～5000
云南	200～1000
江苏	1000～100000（苏南 1000～5000，苏北 50000～100000）

据调研反馈，江苏省各地建制镇污水厂规模也存在明显差异，苏中、苏北地区建制镇污水厂规模集中在 1000～5000m^3/d，最小规模为 500m^3/d，也存在规模在 1 万吨/天以上的建制镇污水厂。苏南片区大都为人口流入城市，建制镇常住人口较多，乡镇污水厂规模普遍偏大，有较多污水处理厂设计规模达到 5～10 万立方米/天。

5.1.2.2　设计水质及排口

对无工业园区的建制镇而言，进水水质主要与城镇性质及经济水平有关，建制镇设计进水 COD 浓度一般取 150～300mg/L，NH_3-N 取 20～50mg/L，TN 取 30～60mg/L，TP 取 3～6mg/L。

提供出水水质标准的受调研建制镇中，绝大部分建制镇执行一级 A 或一级 B 排放标准，另有少数建制镇执行二级或三级排放标准。

对于高寒高海拔地区建制镇，基于经济发展整体较为落后，在环保政策允许的范围内执行较低的排放标准，例如调研的云南省小中甸镇和四川省川主寺镇均执行一级 B 排放标准。目前，江苏太湖流域、浙江、安徽巢湖、淮河流域、湖南、重庆梁滩河流域、四川岷沱江流域、昆明陆续发布水污染物排放标准（表 5.3），对建制镇出水总氮、总磷提出了更高的去除要求。例如调研的四川省曲山镇则执行《四川省岷江、沱江流域水污染物排放标准》（DB 51/2311—2016）。

表 5.3　各省、流域污水处理厂污染物排放标准

地区	标准名称	出台时间	施行时间
国家	《城镇污水厂污染物排放标准（GB 18918—2002）	2002.12.24	2003.7.1
江苏	《太湖地区城镇污水处理厂及重点工业行业主要水污染物排放限值》（DB 32/1072—2018》	2018.5.18	2018.6.1
浙江	《城镇污水处理厂主要水污染物排放标准》（DB 33/2169—2018》	2018.12.17	2019.1.1
安徽	《巢湖流域城镇污水处理厂和工业行业主要水污染物排放限值》（DB 34/2710—2016）	2016.9.27	2017.1.1
	《安徽省淮河流域城镇污水处理厂和工业行业主要水污染物排放标准》（征求意见稿）	2019 年	—
重庆	《梁滩河流域城镇污水处理厂主要水污染物排放标准》（DB 50/963—2020）	2020.3.6	2020.4.1
四川	《四川省岷江、沱江流域水污染物排放标准》（DB 51/2311—2016）	2016.12.20	2017.1.1
云南	《昆明市城镇污水处理厂主要水污染物排放限值》(二次征求意见稿)	2020.1	—

建制镇生活污水处理厂入河排放口按照环保法律法规要求规范设置，并由环保部门开展检查和监督性检测。通过调研发现，排放口审批流程复杂、周期较长。

5.1.2.3　污水厂工艺

总体来看，建制镇污水成分相对简单、污染物浓度较低，对这类污水的处理已有大量成熟技术，工艺选择余地较大。目前，长江经济带建制镇工艺类型主要以活性污泥法、生物膜法和活性污泥+生物膜法组合工艺为主。个别生态容量较大的建制镇，采用生态湿地或氧化塘等工艺。对于高寒高海拔地区的建制镇，部分建制镇选用了 MBBR 等耐寒工艺，但仍有部分建制镇在工艺选取上未考虑高寒、高海拔、低水温的情况，工艺路线仍依照常规流程执行，且未采取耐寒措施，导致污水厂运行困难。

5.1.2.4　污水厂形式

污水处理设施主要采取传统土建和一体化设备形式，两种形式的比较如表 2.9 所示。根据调研反馈，考虑到污水厂的运行稳定性、自主性等，污水

厂规模在 1000m^3/d 以上一般采用传统土建形式，规模介于 500～1000m^3/d 两种形式均有采用，规模小于 500m^3/d 采用一体化设备形式较多。由于一体化设备厂家众多，缺乏统一标准和有效管理，实际运行状况不佳，设备稳定性及使用寿命有待考究，江苏等省市已逐步将一体化设备改造为常规钢筋混凝土构筑物建设。

5.1.2.5　污泥处理

对于污泥产出量较大的建制镇，污水厂建有污泥处理设施进行处理；对于污泥产出量较小的建制镇，污泥定期拖送至县（市）污水厂或污泥处理中心进行集中处理。污泥处置主要有以下几种方式：①干化焚烧；②卫生填埋；③堆肥利用；④污泥制砖。

5.1.2.6　污水收集管网

污水管网是污水处理的重要配套设施。对于排水体制，大部分建制镇原有污水管道管渠为雨污合流制，新建管道采用雨污分流的排水体制。长江中上游经济不发达地区条件受限制的建制镇利用镇区原有排水管道收集污水，经济条件较为发达的长江中下游地区如江苏省苏南地区已基本实现建制镇雨污分流改造。

5.1.3　建设阶段

5.1.3.1　建设程序

污水处理设施建设审批手续流程中涉及发改委立项、生态环境局环评、自然资源局选址、土地报批等，住建局施工许可、招投标等，第三方地勘图审等，项目手续审批烦琐。

5.1.3.2　建设模式

长江经济带建制镇目前建设模式主要有两种。一种是以建制镇为单位，由建制镇自筹资金建设，以中央、省级、地级和县级财政资金投入为主体，建制镇本级财政资金投入较少；另一种是以县域为单位，采取 EPC、PPP 等市场模式，统一由专业企业负责建制镇生活污水处理厂建设，但运营成本高，收入低。

5.1.3.3 污水处理设施

根据住建部2020年城乡建设统计年鉴，长江经济带共有建制镇8710个，建成区常住人口约9248.52万人。随着我国城镇化快速发展，建制镇污水处理能力逐年提升。长江经济带各省市污水处理能力及污水处理设施覆盖率如表5.4和图5.2所示，平均覆盖率达到88.31%。不同地区建制镇污水处理水平差异较大，其中以江苏、浙江省为代表的长江下游地区污水处理设施水平较高，中上游地区次之，其中浙江省所有建制镇在2015年底全国第一个实现了污水处理设施全覆盖。调研发现，即使是同一省区，建制镇污水处理水平也存在较大差异。例如，四川省三州地区建制镇污水处理设施覆盖率仅为44.8%，低于全省87.8%的平均水平，设施建设短板明显。

表5.4 长江经济带建制镇污水处理能力与设施覆盖率情况表

省市	污水处理能力/（万立方米/天）	污水处理设施覆盖率/%
上海	30.11	96.88
江苏	378.62	100.00
浙江	156.51	95.96
安徽	75.51	84.82
江西	28.60	68.60
湖北	114.70	100.00
湖南	73.54	67.92
重庆	38.33	98.29
四川	169.00	87.80
贵州	83.46	99.76
云南	14.53	71.40
平均值	105.72	88.31

注：数据来源于住建部2020年城乡建设统计年鉴。

5.1.3.4 污泥处理处置

调研发现，采用传统污水厂模式的建制镇一般设有污泥脱水装置，脱水

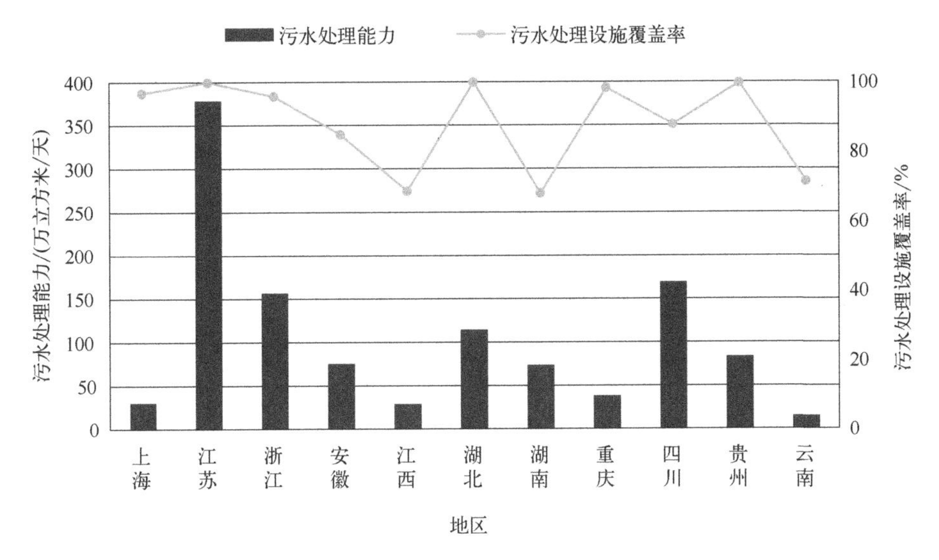

图 5.2　长江经济带建制镇污水处理能力与设施覆盖率情况

数据来源：住建部 2020 年城乡建设统计年鉴

后运送至县（市）污水厂或污泥处置中心进行集中处理，运送成本较高；部分建制镇由于来水量较低或采用的产泥量少的膜处理装置，暂未建设污泥处理装置，一般一年用专用设施吸取污泥一两次，运送至县（市）污水处理厂或有污泥处置设施的建制镇污水处理厂统一处理。

5.1.3.5　污水收集管网

从调研情况看，湖北省建制镇新建工程中有 76%采用厂网同建，云南、贵州、四川、江西大部分建制镇厂网不是一体建设，采用“尽力而为、量力而为、先点后面、解决有无”的原则，先建设污水处理设施和污水主干管，再根据镇区人员分布，逐步加密、延伸污水支管。

长江经济带污水管网长度及管网密度如表 5.5 和图 5.3 所示。长江经济带建制镇累计建设污水管道约 1.09×10^5 km，平均污水管网密度约 5.21km/km^2。分区域看，长江下游地区污水管网密度较大，中上游地区管网建设较为滞后。大部分建制镇普遍存在“重厂轻网”的认识误区，根据调研结果发现，云南省约 60%的建制镇仅完成主管网的建设，支管及接户管还有待完善。大部分建制镇采用的排水体制相同，均因老城区改造难度大而选择老城区采用截流式合流制，新城区采用雨污分流制。

表 5.5　长江经济带建制镇污水管网长度与管网密度情况表

省市	污水管道长度/km	污水管网密度/（km/km^2）
上海	5901.98	4.41
江苏	21129.52	7.74
浙江	15193.45	7.15
安徽	12183.43	4.86
江西	6375.42	4.32
湖北	11368.00	5.08
湖南	10246.28	4.08
重庆	4473.04	5.70
四川	12700.00	5.26
贵州	6801.05	4.85
云南	3597.53	4.56

注：数据来源于住建部 2020 年城乡建设统计年鉴。

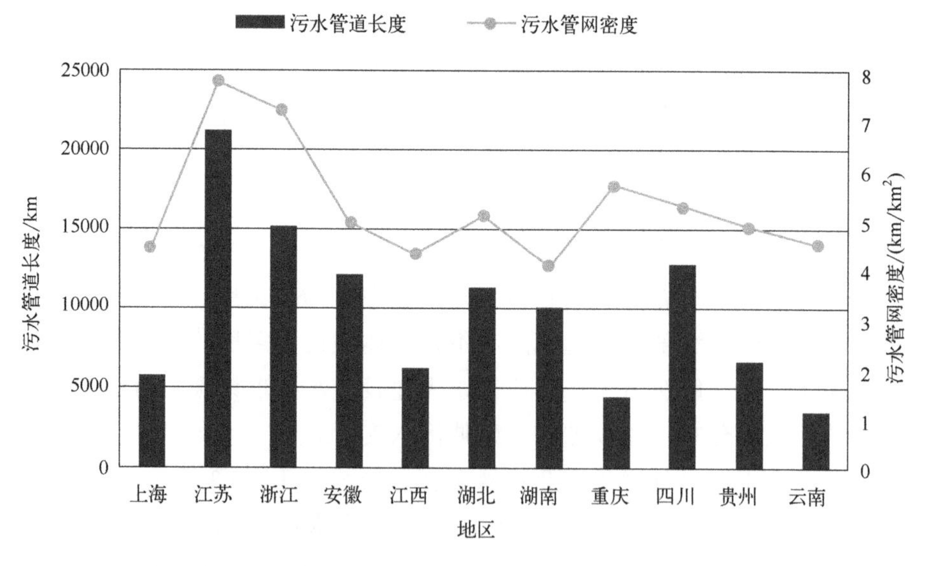

图 5.3　长江经济带建制镇污水管网长度与管网密度情况

5.1.3.6　建设成本测算

根据省厅提供的数据，调研各省污水厂及配套管网的建设成本测算值如

表 5.6 所示。

表 5.6　调研各省污水厂及配套管网的建设成本测算表

分区	省份	污水厂建设费用/（万元/t）	管网建设费用/（万元/km）
长江上游（一区）	贵州	介于 0.45～1.60 万元/t	25～92 万元/km
	四川	平均为 1.20 万元/t	介于 100～257 万元/km
长江中游（二区）	湖北	平均为 1.18 万元/t，大部分介于 0.52～1.41 万元/t	平均为 212.68 万元/km，大部分介于 108.54～289.48 万元/km
	江西	平均为 0.44 万元/t，大部分介于 0.11～0.80 万元/t	平均为 131.52 万元/km，大部分介于 45.45～181.82 万元/km
长江下游（三区）	江苏	平均为 0.34 万元/t，大部分介于 0.24～0.40 万元/t	平均为 100 万元/km

以贵州省为例，不同设计规模的污水厂在不同工艺形式下的工程费用测算指标见第 2 章表 2.10 和表 2.11，配套管网的建设成本测算见表 2.12。

5.1.4　验收及移交

以湖北省为例，污水项目工作验收涉及工作考核办法、工作验收暂行办法、验收手册，省住建厅联合省生态环境厅对全省有乡镇生活污水治理任务的 97 个县（市、区）逐一评估验收。湖北省大部分为 PPP 模式，规定项目建设单位做好项目建设过程中文字、图表、照片、音像、电子文件材料的收集归档工作，确保项目档案的完整、准确、系统。项目竣工后及时完成档案材料的整理、报送。项目分阶段建设，或者由不同的主体分工完成时，所有参建单位均应按要求把各个阶段的工程原始资料、施工图纸、工程监理文件、工程施工文件、工程竣工验收文件、竣工图纸等相关资料整理归档。竣工资料纸质版必须与项目现场标识、上传到省信息平台的电子版完全一致。工作验收以县（市、区）为单位进行，未进行工作验收或验收未通过的项目，由省住建厅定期通报并限期整改。项目竣工验收后，建设单位及时向行业主管部门、建设管理单位和运维责任单位做好档案移交，为后续运维管理提供依据。

建制镇生活污水处理厂进入商业运营的条件以合同约定为准。合同未约定或约定不清晰的，可参照以下条件，结合实际情况对合同进行修订。

（1）完成工程竣工验收，并完成备案。完成竣工环保验收，验收结论合格，公示期结束。

（2）连续 30 天内日均进水 COD 浓度大于 100mg/L 的天数超过 80%，污水厂日平均负荷率达到 60%，出水水质达标排放。

（3）对单个污水厂和配套管网进行评判，达到进入商业运营基本条件的，需由运营单位向乡镇生活污水治理责任部门提出申请，并审批通过。

调研发现，部分建制镇由于污水厂运行不正常、资金不到位、资产权属不明晰、责任分工不明确等原因，尚未完成验收移交工作。

5.1.5 运维阶段

5.1.5.1 运维模式

长江经济带建制镇污水处理厂的运营模式大体分为政府自行运营和委托第三方运营两种模式。不同建设模式的比较见表 2.13。

管网运维主要分为厂网一体化及厂网分开运维两种。除湖北省外，长江经济带建制镇配套管网大多采取厂网分开的模式，由政府自行运维，专业技术人员匮乏，水平普遍不高。

5.1.5.2 运行情况

调研发现，已建成的污水处理厂中大部分已投入运行，部分仍处于调试阶段。污水处理厂实际来水量与设计规模相差较大，运行负荷普遍偏低（图 5.4），平均负荷率仅达到 47.10%。

5.1.5.3 实际进出水水质

根据调研结果看，污水厂实际进水水质普遍低于设计进水水质，在雨季时尤为突出。建制镇出水水质基本可达到出水标准要求。

5.1.5.4 水质检测

根据调研结果看，进出水水质的检测主要有以下方式：①厂内配置在线监测设备；②污水厂化验人员定时对进出水水质取样检测；③送至县

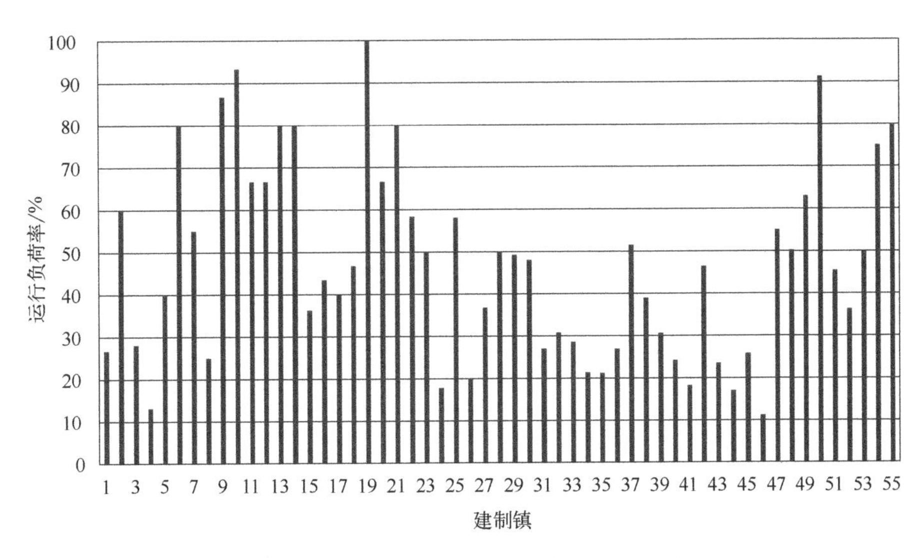

图 5.4　长江经济带部分建制镇污水处理设施运行负荷率

（市）污水处理厂化验中心进行检测。从湖北省乡镇生活污水处理设施绩效考核反馈信息来看，多数建制镇污水厂的监测数据真实有效，对于指导污水厂运行、节能降耗提供了依据。比如湖北秭归县根据监测数据，针对雨污分流不到位、管网普及率不高等问题，采取“一厂一策”精准实施策略，解决雨污合流问题，使得运行负荷稳定在 60%以上，进水 COD 浓度稳定在 100mg/L 以上。

2018 年生态环境部发布的《排污许可证申请与核发技术规范（试行）（HJ 978—2018）》中，对城镇污水处理厂和其他生活污水处理厂的进水监测提出了要求（表 5.7）。在建制镇污水厂进水在线监测系统是否安装上，不同地区做法不一，这主要取决于当地政府的态度。如湖南省《关于建立绿色通道加快城乡污水处理设施建设前期工作的通知》中则规定，日处理规模 500m^3（含）以上的污水处理设施需参照试行标准同步建设进出水在线监测设备；日处理规模大于 200m^3（含）、小于 500m^3 的污水处理设施应同步建设流量在线监测设备。四川省也规定日处理规模 500m^3（含）以上的污水处理设施需建设进出水在线监测设备。江苏省今年 4 月也发布相关文件，提出日处理规模大于 500m^3（含）应在进出水处建设在线监测设备，包括 COD、氨氮、总氮、总磷、pH 值、流量 6 项指标。在线监测设备一般由政府委托厂家或其他第三方进行安装及维护，如江苏省张集镇污水厂的在线监测设备由政府委托第三方公司，政府每年支付330万元服务费，主要包括设备及后期运行维护管理服务。调研发现，配置在线监测系统的污水厂普遍反映其运维成本过高，约占总运维成本的20%～30%，为运营增添了压力。

表5.7　城镇污水处理厂和其他生活污水处理厂进水监测指标及最低监测频次

监测点位	监测指标	监测频次
进水总管	流量、化学需氧量、氨氮	自动监测
	总磷、总氮	日

注：进水总管自动监测数据须与地方生态环境主管部门污染源自动监控系统平台联网。

在线监测设备由专业人员或进行过专业培训合格人员操作、使用，操作和使用各种在线监测设备及配置各种化学试剂时，应严格遵守安全使用规则和操作规程，并填写使用状况和操作记录。厂内管理人员对每小时的水质情况做好记录，并对在线监测系统使用情况定期进行检查，若发生故障联系设备厂家及时进行维修。

5.1.5.5　运维成本测算

根据省厅提供的数据，调研各省污水厂及配套管网的运维成本测算值如表5.8所示。

表5.8　调研各省污水厂及配套管网运维成本测算表

分区	省份	污水直接处理成本/(元/t)	管网年运维单价/(万元/km)
长江上游（一区）	贵州	政府运营0.8～1.2元/t， 第三方运营2.50～5.0元/t	介于1.2～1.5万元/km
	四川	平均为2.75元/t	—
长江中游（二区）	湖北	平均为2.21元/t， 大部分介于1.24～2.4元/t	平均为1.4万元/km，大部分介于1～1.63万元/km
	江西	平均为1.49元/t， 大部分介于0.5～2.2元/t	—
长江下游（三区）	江苏	平均为2.69元/t， 大部分介于1.2～5.48元/t	平均为0.75万元/km

以贵州省为例，不同设计规模的污水处理厂运维成本测算如表 5.9 所示。

表 5.9　贵州省污水处理厂运行费用测算指标表

名称	污水处理厂运行费				
建设规模/（m^3/d）	600～1000		1000～2000		2000～3000
估算标准/（元/m^3）	1.36～1.70		1.18～1.36		1.04～1.18
建设规模/（m^3/d）	100	200	300	400	500
估算标准/（元/m^3）	2.12～2.96	1.62～2.43	1.36～2.16	1.24～2.01	1.19～1.90

5.1.6　管理机制

近年来，长江经济带各地方政府均已出台建制镇污水建设及运行管理的政策（附表 1），明确了建制镇污水设施建设和运行管理的相关要求，整体执行情况较好。责任方面，主要以县级政府为责任主体，具体负责组织实施，并定期对第三方运维单位开展绩效考核工作；市级政府落实日常监督，省级层面履行指导和监管责任。

湖北省于 2017 年建成了污水处理设施大数据管理信息系统，可以对全省所有乡镇生活污水治理项目建设运行维护实现全流程、全天候的在线监测，系统可根据设定的评价体系随时出具考核报告。平台数据显示，2021 年 1—9 月，全省乡镇生活污水管网普及率达到 90%以上，污水收集率达到 80%以上，污水处理率达到 75%以上，污水厂负荷率达到 74%以上，2020 以来 COD 削减率达到 90%以上。四川省已建立远程监控平台及“城乡污水垃圾处理设施管理信息系统”，正在搭建具备实时检测能力的污水监测系统。江苏省建立了太湖流域城镇污水处理信息管理系统，计划拓展应用至全省。

目前，江西省尚未建立建制镇生活污水收费制度，下一步将积极配合江西省发改委制定有关收费制度，为建制镇生活污水处理设施有效运行提供经费保障。贵州省尽管部分市（州）、县制定并下发了关于建制镇污水处理费征收标准的通知，但各地均未实质开展乡镇污水处理费征收工作。其余省市尽管制定了污水处理收费制度，一般与自来水费一同收取，但实际征收困难。

5.2 共性问题、原因及建议

5.2.1 规划阶段

问题 1：缺乏污水治理专项规划。

在长江经济带建制镇中，除已建污水处理厂的建制镇外，大部分建制镇只是在总体规划上简单地进行描述或对污水处理厂的位置进行了选择，并没有污水治理的系统规划。建制镇发展往往重建设、轻规划，造成建制镇发展无序，基础资料缺乏。与此同时，有些规划由于缺乏基础资料、经验参数及对建制镇经济状况的不了解，导致规划不符合实际，实施困难。而污水处理工程的偏差会直接影响建制镇的发展。

建议：政府应根据地区经济发展规划，建立建制镇污水处理设施建设规划。

严格按照“先规划、再建设”的原则，全面尽快统筹，做好建制镇基础设施建设总体规划和污水处理专项规划，突出前瞻性，进而引导各级政府制定切合本地实际及未来发展需要的建制镇建设规划，突出实施性和可操作性，形成上下统一、协调完善的建制镇基础设施建设规划体系，达到总体规划和专项规划相衔接，切实发挥规划的指导作用，提高项目前期工作水平，避免项目建设盲目性和低水平，提高污水处理设施项目建设质量。

5.2.2 设计阶段

5.2.2.1 污水厂规模

问题 2：污水厂规模取值不当。

除经济发达、有工业园区规划或有旅游产业的建制镇外，建制镇人口流失严重，导致建制镇建成区户籍人口数一般远大于常住人口数。例如，四川省曲山镇由于常年地质灾害严重，在 2008 年地震后经济产业发展缓慢，教育、医疗水平堪忧，导致人口流失严重，截至 2021 年，镇建成区户籍人口约 1830 人，常住人口仅 1270 人。而曲山镇污水厂规模采用户籍人口数据，使得污水厂在已收纳 90%的生活污水情况下，运行负荷率仅达到 17.78%。由此可见，部分建制镇污水处理设施设计过程中未能因地制宜，照搬城市污水处理定额标准或采用规划人口或户籍人口数据，造成建设规模偏大，污水处理设施整体负荷率较低。

建议：合理确定污水厂规模。

建制镇污水处理厂站设计规模的确定应有政府参与，以保证项目建设质量。设计规模应参考《室外给水设计标准》（GB 50013—2021）、《村镇供水工程技术规范》（SL 310—2019）等，取定恰当的用水定额及污水量。除经济发达、有工业园区规划或有旅游产业的建制镇人口采用规划人口外，其余建制镇采用镇区常住人口进行污水厂规模的计算。

建制镇生活污水处理总量包括居民生活污水量、公共设施污水量、服务业污水量、进入生活污水处理厂的工业污水量以及合理的管网地下水入渗量。建制镇污水处理量计算公式为：

镇污水处理量=（镇区常住人口×居民生活污水定额+公共设施污水量+服务业污水量+进入生活污水处理厂处理的工业污水）×（1+地下水入渗率）。

建制镇居民生活污水排放量可根据实地实测数据或当地生活用水量折算取得，当缺乏实地调查数据时可参照省用水定额，按污水定额确定。公共设施污水量、服务业污水量、工业污水量根据建制镇实际情况酌情取值。没有上述污水排放需求的，只计算居民生活污水量和地下水入渗量即可。地下水位较高的地区，应考虑合理的管网地下水入渗量。对于平原、河道冲积层以及其他地质条件为砂卵石等强透水层的地区，管网地下水入渗率可取 10%～15%；对于盆地丘区地质条件为砂岩、泥岩等弱透水层的地区，管网地下水入渗率可取 0～10%。污水处理规模应按年平均日污水量确定，污水管网设计流量应采用最高日最高时污水量。

5.2.2.2　排放标准

问题 3：排放标准“一刀切”。

2015 年国务院印发的《水污染防治行动计划》中提出，敏感区域（重点湖泊、重点水库、近岸海域汇水区域）城镇污水处理设施应于 2017 年底前全面达到一级 A 排放标准。云南昆明、四川岷沱江流域、江苏太湖流域等部分重点地区和流域近年来也制定了更为严格的地方标准。由于建制镇污水处理设施在规模、技术及运行管理方面与城镇污水处理设施存在一定的差异，因此建制镇地区的污水排放不宜完全按照城镇污水处理厂污染物排放标准执行。目前尚未完成建设任务的地方，经济技术基础较薄弱，按照一级A甚至更为严格的标准来建设投资大，将来运行费用也高。对已建的项目，进水水质容易出现碳源不足的情况，需要投加碳源，增加运营成本。

建议：因地制宜确定出水标准。

排放标准一刀切现象严重，建议与环保部门沟通，从经济条件、环境容量、技术水平、污水量等多维度进一步研究因地制宜确定排放标准，避免“贪大求高”。排水标准的选择可参考表5.10。出水用于灌溉、杂用、景观环境等再生利用时，应以再生用途水质确定处理水排放标准；对条件尚不具备的地区，应从经济性和实用性角度综合考量，给予一定的政策扶持，适当放宽排放限值，给予一个合理的改造期，保证清洁排放标准技术经得起历史检验。地方政府是建制镇污水处理厂落实清洁排放技术改造、提高排放标准的责任主体，对环境质量负全责。对于经济技术条件成熟和受纳水体环境容量允许的地区，应鼓励先行先试，不断修改完善技术标准，积累实践经验。

表5.10　排水标准选择参考

污水处理规模	受纳水体	出水标准
≥1000m^3/d	重点地区或重点流域	地方标准
	非重点地区或重点流域	《城镇污水处理厂污染物排放标准》（GB 18918—2002）中一级A标准
500～1000m^3/d（不包含1000m^3/d）	环境敏感水体	《城镇污水处理厂污染物排放标准》（GB 18918—2002）中一级A标准
	非环境敏感水体	《城镇污水处理厂污染物排放标准》（GB 18918—2002）中一级B标准
＜500m^3/d		根据省情因地制宜

5.2.2.3　技术工艺

问题4：工艺选择不合理。

部分建制镇污水处理工艺种类繁多，运维管理难度大，如四川省统计的

55个区市县中，有2～3种工艺的有21个，约占38.2%；县域内有4～5种工艺的有23个，约占41.8%；县域内有6～10种工艺的有7个，约占12.7%。针对部分建制镇污水处理设施运行专业人才缺乏和资金不足的情况下，增加了污水治理工作难度。对于高寒高海拔地区建制镇，调研的云南省小中甸镇和四川省川主寺镇均存在工艺选取上未考虑高寒、高海拔、低水温的情况，工艺路线仍依照常规流程执行，且未采取耐寒措施，容易出现冬季水池结冰、微生物生长培养困难，管道冻裂等问题，污水厂运行困难。

建议：合理选择污水厂工艺。

除在"十一五""十二五"期间不同部门如发改、环保等部门负责已建的现状污水厂外，建议新建污水厂以县（市、区）等为单位，采用相对集中的污水工艺，便于管理及设备配置。针对建制镇污水的特点，污水处理工艺选择应符合以下原则：

① 污水处理工艺应根据处理规模、水质特性、受纳水体的环境功能及当地的实际情况和要求，经全面技术经济比较后优选确定。

② 工艺技术成熟可靠、简便易行、运行稳定、维护管理便利。

③ 基建投资和运行费用低、污泥产量小。

工艺选择时应注意：

① 工艺选择的主要技术经济指标应包括：处理单位水量投资、削减单位污染物投资、处理单位水量电耗和成本、削减单位污染物电耗和成本、占地面积、运行性能可靠性、管理维护难易程度、总体环境效益等。

② 工艺技术成熟可靠，在省内或国内有成功运行案例；处理工艺易于运行、管理，污水处理设施建成后稳定、有效的运行。

③ 建制镇的经济实力相对薄弱，所选用的工艺应尽量做到基建投资小、运行费用少，基本不投加药剂或者投加药剂少。同时，工艺的污泥产量尽量小，降低污泥处置费用的同时避免二次污染。

长江流域沿线大量建制镇污水厂实际进水水质浓度长期偏低，工艺选择时充分考虑当地实际污水水质情况，可采用活性污泥、生物膜及泥-膜结合工艺，活性污泥法与生物膜法的优缺点如表5.11所示。对于规模小、进水浓度低的建制镇，宜优先选择生物膜法。对于高寒高海拔地区，应优先选择MBBR、BBR等耐寒工艺，活性污泥或生物膜的培养应在气温高的季节进行，污水处理设备及管阀应设置于室内或采取保温措施。

表 5.11　活性污泥法与生物膜法优缺点

	活性污泥法	生物膜法
建设运行成本	基建费、运行费高，运行能耗高	基建投资略低，设备维护费及填料更换费用高，运行能耗较低
占地面积	大	小
对水质、水量变化的适应性	高	抗水量冲击负荷适应性较差，对低浓度污水适应性较强
处理效率	高	低于活性污泥法
产泥量	较多	少
运行灵活性	强	弱
运行管理	较为复杂	方便
适用范围	广泛	中小型污水厂

5.2.2.4　污水厂形式

问题 5：一体化设备缺乏统一标准和管理。

部分小规模的建制镇采用了一体化污水处理设备。一体化处理设备具有占地小、建设周期短、运维成本低、操作管理方便等优点，但一体化设备厂家众多，缺乏统一标准和有效管理，一体化设备参差不齐，设备性能未得到充分验证。目前，已有一些关于一体化生活污水处理设备的行业、地方、团体标准发布，如住建部于 2010 年 10 月发布了《小型生活污水处理成套设备》（CJ/T 355—2010），湖南省住建厅于 2020 年 7 月发布了《湖南省生活污水处理一体化设备技术指南（试行）》，中国国际贸易促进委员会建设行业分会于 2021 年 3 月发布了《小型生活污水处理设备标准》（T/CCPITCUDC—001—2021）。这些标准为设备使用者和制造商提供了重要参考，但其仅从设备安全、正常运行角度对设备的性能进行了规定，并未站在用户选择需求的角度对设备的适宜性进行规定，仍不能为设备生产制造和用户选择提供充分的指导。

问题 6：部分构筑物形式污水处理厂未分组建设。

实地调研长江经济带各区各省建制镇污水处理设施过程中发现部分地区

如南京禄口街道铜山污水处理厂、江西省丰城市上塘镇污水处理厂，规模均超过3000m³/d，但早期建设时预处理格栅、A^2O生化池等未分组建设，后期运行进水量达不到设计流量时无法分组减量运行，也不利于检修维护。部分地区如江西省湖口县上塘镇采用将污水处理设施地埋式建设，外观设计融入周围的整体景观，充分利用场地条件。但据江苏省调研反馈，早期采用的地埋式一体化设备后期维护检修困难，后期进行了改造重建。

建议：构建一体化设备性能评价指标体系和标准化，规范污水处理构筑物建设形式。

污水处理设施应以钢筋混凝土构筑物为主，需采用分组建设，单个处理单元构筑物的个（格）数不应少于2个（格），并应按照并联设计，便于调节运行、维护检修。对于污水处理设施不大于500m³/d的建制镇，也可根据当地情况考虑采用一体化处理设备。建议构建一体化设备性能评价指标体系，第三方专业评估机构以设备标准为依据，按照规范的评估程序对设备性能评估，以全面真实地反映一体化生活污水处理设备的性能与质量，其评估结果也可为用户选择合适设备提供重要参考。在此基础上开展设备标准化，对不同进出水水质特征下的工艺类型、设备的关键性能指标如设计尺寸、停留时间、寿命要求、材质等进行规定和要求。

5.2.3 建设阶段

问题7：设施建设短板明显，区域设施治理水平分布不均。

部分建制镇由于经济发展水平相对落后，污水处理设施建设进度较慢，污水处理能力和设施覆盖率较低，江西省设施覆盖率仅68.6%，还未达到《“十三五”全国城镇污水处理及再生利用设施建设规划》中建制镇污水设施覆盖率70%的建设要求。建设中出于节约成本的考虑没有选择先进、合理的污水处理设备，甚至经常发生设备故障或损坏，导致污水处理工作效率大大降低。分区域看，长江下游地区建制镇污水处理设施水平较高，中上游地区整体较为落后。

问题8：配套管网设施建设滞后。

部分污水厂设计存在“重厂轻网”“重干管轻支管”的现象，建制镇管网覆盖率整体偏低。如云南省已建成的污水处理设施中约60%的建制镇仅完成主管网的建设，支管及接户管还有待完善。部分老旧城区为雨污合流制排水系统，管网改造难度较大，群众不配合，导致雨水经污水管网进入污水处理厂，增加了污水处理设施运营成本，降低了污水厂的运行效率。此外，由于部分建制镇地形复杂、缺乏相应标准化、施工质量差等原因，管网老化损毁、错接混接等现象时有发生。

问题9：污泥处置能力不足、处置成本大、无法得到资源化利用。

能够有效处理污泥的污水处理厂相对较少，大部分建制镇产生的污泥均拖送至县（市）污水厂或污泥处理中心进行处理，运输要求高，处置成本大。污泥处置方式受限制较多，无法得到资源化利用。部分污水厂即使建有污泥处理设备，也可能因运行费用较高而难以正常运行，加上“重水轻泥”的认识误区，使得针对污泥处理的投资不足。

建议：加快污水设施建设，补齐设施建设短板。

以《“十四五”城镇污水处理及资源化利用发展规划》的相关要求为导向，在建制镇污水出力设施建设、管网配套、污泥处理处置方面加大力度。可参考江苏省做法，按照统一规划布局、统一实施建设、统一组织运营、统一政府监管的“四统一”工作模式和“规划引导、城乡统筹、厂网并重、建管并举”的思路，加快建制镇生活污水处理设施建设工作。

对于尚不具备污水处理能力的建制镇，应加快污水处理设施及配套管网的建设，特别注重管网建设质量控制，坚持“厂网一体”，同步设计，同步建设；云南省东山镇、海口镇、苍岭镇等部分建成尚未运行的建制镇及时调试投入运行；部分运行尚不正常的建制镇，针对性解决运行中存在的问题，努力提高设施运行负荷率、改善进水水质，确保设施正常运行，包括完善配套管网的建设及实施厂内工艺改造。对于有条件的建制镇，可参考江苏省部分建制镇做法，采取分片区联建等思路，优化调整设施布局，提高区域污水处理能力。

配套管网主要存在覆盖率不高、建设不规范、雨污分流不到位等问题。针对长江中上游地区部分管网覆盖率不高的建制镇，应按照“十个必接”（机关、学校、医院、集中居住小区、非化工工业集中区、农贸市场、垃圾中转站、宾馆、饭店和浴室）原则，加快建制镇污水收集支管及接户的建设，扩大镇区污水管网覆盖面，提高镇区污水收集率，消除管网覆盖空白死角，服务范围内排水用户应接尽接，建制镇周边的乡、村、集中居民点等均可纳入，这有利于从系统上提高区域生态环境质量，有效提升工程投资效益，助力乡村振兴。针对雨污分流不彻底的建制镇，因地制宜对老旧管网进行改造，新建管网实现雨污分流。例如湖北省秭归县采取“一厂一策”精准实施策略，彻底解决了雨污合流问题。对经济发展水平相对落后的建制镇或老城区，更因考虑优先选择截流式合流制的排水系统。针对管网建设不规范，管网错接、漏接、渗漏的建制镇，应加强城镇污水设施建设过程的监督指导，摸清污水管网底数，全面排查渗漏、腐蚀、开裂、沉降等病害，消除隐患、填补空白、补齐短板。

结合当地经济社会现状、不同脱水污泥属性，因地制宜完善污泥处置设施。对于没有经济技术能力进行污泥处理处置的建制镇，应定期托运至当地县市污水处理厂进行处理处置。完善建制镇污泥处理处置技术标准，推进污泥处理处置及资源化利用等关键技术的研发、示范和推广应用。对于污泥的处置方式，应根据污泥量、污泥性质、重金属含量等具体情况作具体分析，以选择该镇合适的处理方法，如农用、园林绿化、污泥堆肥等；同时，要考虑环境生态，经济效益，处理成本，技术发展趋势等因素，积极探索污泥处理的新方法、新技术、新工艺方法，如四川省曲山镇采用的污泥制砖等。

5.2.4　运维阶段

5.2.4.1　实际进水水质

问题10：实际进水浓度偏低。

长江流域建制镇污水厂进水浓度整体较低，部分污水厂雨季时COD进水浓度甚至不足100mg/L，导致污泥培养困难，后期碳源投加量大。其原因主要有以下几点：①大部分老城区排水系统仍实行雨污合流制，雨天雨水进入合流制管渠，污水浓度被稀释；②收集的生活污水主要是洗澡、洗衣、冲厕用水，部分低浓度工业废水进入污水厂等，导致进水浓度偏低；③部分区域因用地及施工条件限制等污水管道敷设在河里造成河水倒灌、管道乱接混接、施工质量参差不齐、老旧管道破损等；④长江流域建制镇多数地势低平，地下水位高，易造成地下水渗入；⑤部分地区将农村污水就近纳入建制镇污水厂处理，大部分农村地区排水体制多采用合流制，雨污水管道混接的现象时常出现。此外，农村地区仍保留化粪池，对水质也产生一定影响。根据《江苏省太湖流域城镇污水处理厂提标建设技术导则》，通过化粪池的初级处理后，COD明显下降，下降幅度为10%～30%，BOD下降20%，但N、P指标无明显下降。

建议：开展管网排查，针对问题采取相应措施。

对进水浓度偏低的建制镇，建议开展建制镇污水收集处理系统排查，针对问题开展雨污混接改造、管网缺陷修复、截流系统改造、加强截流系统管理等措施。①若为管网结构性缺陷导致的地下水入渗，应及时开展管网及检查井的修复工作，实施过程还需要特别关注管网排查检测与修复的质量，同时加强新建雨污水管网的建设质量管理。②若为雨水混接、错接导致的雨污混接，应及时整改，并根据各地实际情况进一步完善雨污分流程度，通过加强宣传和实施信用管理等方法提高公众依法排水意识、从源头杜绝私搭乱接、管网混接问题应及时进行雨污水管网改造。③若为截流系统管理不善导致的河水倒灌，应加大截流泵站及截流系统的日常巡查、增加相应防渗漏措施。④若为截流灰水、混接的雨水和施工排水导致的截流水质浓度低，各地应根据建制镇建设实际情况，逐步推进老旧城区雨污分流改造和截流式分流制改造，加强施工工地的排水管理。⑤若为排口倒灌河湖水和山泉水，则可降低河道水体水位以露出排水口或者加装防倒灌装置。对于合流制地区，建议充分发挥低影响开发和“海绵”措施作用，通过建设绿色屋顶、生物滞留池、透水铺装、下凹式绿地等，发挥灰色排水设施与绿色基础设施的耦合效应，有效消除积水、减少溢流频次、减缓管道沉积物冲刷。⑥若为居民饮食、用水习惯及公共建筑及企事业排水原因，应加大宣传力度增强公众节水意识、推广节水器具、养成节水习惯、提倡“一水多用”，引导公众节约用水；尽可能做到工业废水与生活污水分开收集、分质处理，对于经评估不能接入城镇污水处理厂的工业废水限期退出，对于可生化性较好的农副食品加工工业等污水要尽量接入。⑦化粪池的设置会加剧污水厂进水浓度偏低、营养物比例失衡的问题，但化粪池对污染物截留、防止管网堵塞作用也不可忽视。建议综合考虑管网堵塞与污染物降解的关系，没有建设污水处理厂的建制镇保留化粪池，合理确定化粪池的尺寸及停留时间；建设污水处理厂的建制镇因地制宜改造或逐步取消化粪池，但同时应注意污水检查井应设置沉泥井。

5.2.4.2 运行负荷

问题 11：污水厂运行负荷整体偏低。

通过调研结果看，部分污水处理厂的设计水量与实际进水水量存在较大的偏差，长期处于低负荷运行状态，平均运行负荷率不足 50%，其原因主要有以下几点：①部分建制镇污水处理设施建设时由于用水量指标参照城市标准或采用户籍人口建设导致设计规模偏大；②“十一五”“十二五”期间建设的很多污水厂，由于负责实施部门不同，导致部分污水厂设施规模偏大；③部分建制镇地形地势复杂、居住相对分散，导致排管困难；④污水收集管网建设不完善，主要是支管网铺设进度较慢、污水收集率低，导致建制镇污水处理厂实际运行率低。

建议：科学确定污水厂规模与收集处理模式，扩大污水收集范围。

①结合建制镇实际污水处理量情况，参考各省用水定额、《室外给水设计标准》（GB 50013—2021）、《村镇供水工程技术规范》（SL 310—2019），取定恰当的用水定额及污水量。②对新建工程尽量采用厂网一体化同步实施政策，管网部分需注意支管网的设计与施工，设计做到因地制宜，施工要保质保量；根据自身特点科学选择污水收集处理模式，靠近城区的且有条件接入城区污水厂的可优先选择接入城区污水厂，对建制镇布局相对密集、规模较大、经济条件好、镇村企业或旅游业发达、处于水源保护区内的可建立完善的排水管道收集系统，采用集中处理模式；对于其他规模较小、地形条件复杂、污水不易集中收集的，可采取分散处理模式，将污水按照分区收集后，采用一体化污水处理设备或自然处理等形式处理污水。③对已建成的厂区，如若进水水量不够，可从扩大污水处理厂的服务范围（如延伸管网至就近农村）、厂区进水端设置调节池减少污水处理厂每日运行的时间等方面进行补救；对于规模设计不合理的建制镇污水处理厂，可参考江苏省做法，实施“减量增效”改造，结合乡镇实际供水量和人口规模重新论证，并通过工程措施适度缩减处理规模或对设施进行合理分组，提升污水处理厂运行效率。

5.2.4.3　运维模式

问题 12：专业人员配备不足。

部分建制镇自主运营的污水处理厂及配套管网专业技术人员匮乏，甚至只有当地镇区村民看守并运营管理，工艺管理无从谈起，厂区水质化验分析从未进行，台账资料不完整、不规范或者台账资料从未制作，出水在线仪表未开启或工况普遍较差，未达到出水标准随意投加药剂，总体来说镇级污水处理厂处于盲目运行状态。部分委托专业化企业运营的污水处理厂运行水平也亟待提高，由于建制镇污水处理厂数量多，规模小，管理分散，运营企业未根据《城市污水处理工程项目建设标准》（修订）等规定及委托运营中约定条款，对镇级污水处理厂进行人员配置，技术人员严重匮乏。

建议：采用打包委托运维模式。

建制镇污水处理厂数量多、规模小、管理分散，建议采用打包委托运营模式，对运营单位从资产规模、主营业务、专业能力、相关业绩等方面加强甄别，拟定准入条件。打包委托招商引入一家专业的运营运维单位，运营单位应建立完善的运行维护管理体系，防止“建得起用不起”“晒太阳”的现象发生。

运维责任单位下辖项目配套污水管网分布广、管道线路长时，宜设置专人负责污水管网的运维。污水管网运维班组按职能分为巡查班、清疏班、维修班，每班按工作量设 1～3 名工作人员。有条件的建制镇可利用外包服务，外包单位必须具有相应的资质。运维责任单位需设专人与外包单位进行工作对接，审查外包单位的清疏计划、执行情况、工作台账等，对外包单位实行绩效考评。

5.2.4.4 运维成本

问题 13：运维成本较高。

长江经济带建制镇污水处理厂现根据实际用电情况自愿选择执行峰谷分时电价或平段电价，但电费仍然较高，在运维费用中占比较大。如江苏省张家港市塘桥污水厂电费占到了年度运维费用的 30%～40%。而针对电费的相关优惠政策少，补贴不足。此外由于部分建制镇设计规模偏大，选用的水泵、风机等设备电耗较高。为响应生态环境部发布的试行标准《排污许可证申请与核发技术规范（试行）（HJ 978—2018)》，部分地方政府对污水处理厂的进水在线监测提出了要求，而在线监测设备安装和后期运维成本较高，约占总运维成本的 20%～30%，资金投入较大。

建议：健全促进节能环保的电价机制，加强技术研究，放宽在线监测设备要求。

国家发改委出台了《关于创新和完善促进绿色发展价格机制的意见》（发改价格规〔2018〕943 号），建议各省参照浙江省等地有关经验做法，出台相应的有关绿色发展电价的相关优惠政策，降低污水处理企业负担。例如，对污水处理厂建议免收电价容（需）量费，暂时执行农用电价，地方政府支持污水处理企业参与电力市场化交易，建立绿色发展财政奖补机制，提高企业运维积极性。此外，可将建制镇污水处理企业纳入工业技改范畴，鼓励企业对接碳中和目标，加大技术改造投入力度，从工艺和设备选择等各方面挖掘潜能，降低能耗和成本；对于污水处理规模偏大的污水厂，建议针对实际水量负荷，优化调整水泵、风机等高能耗设备工况，降低电力、药剂等损耗，省级根据实际情况调整考核规模；引导建制镇污水处理企业合理利用资源，推行尾水循环利用、光伏发电等绿色项目，实现绿色发展。

在线监测设备的配置要求，建议日处理规模 500 立方米（含）以上的污水处理设施需参照《排污许可证申请与核发技术规范（试行）（J978—2018）》同步建设进出水在线监测设备，进水监测包括 COD、pH 值、流量 3 项指标，出水监测包括 COD、氨氮、总氮、总磷、pH 值、流量 6 项指标；日处理规模不大于500立方米的污水处理设施应同步建设流量计及运行状况监测设备。对于有条件且出水要求较高的地区，进水可增设“氨氮、总氮、总磷”3 项指标；对于经济发展较为落后、短期内没有建设智能化、数字化监控平台计划的小规模建制镇，应适当放宽对在线监测的强制性要求，通过政府定期抽查等其措施达到水质监控的目的。在线监测设备可采用购买服务的方式，由政府委托厂家或其他第三方进行安装及维护。

5.2.5　管理阶段

5.2.5.1　管理机制

问题 14：职责分工不明确，缺乏有效监管。

部分行业主管部门对建制镇污水处理设施的职责划分不清楚，导致互相推诿，工作体系尚未理顺，建制镇污水处理设施缺乏有效监管。部分地区尚未成立专门机构，专业技术人员配备不足，且专业技术水平参差不齐，设施建设运维资金筹措不力，未能结合自身实际规划适宜的建设运维模式，致使建制镇污水设施建设进度慢，建成后闲置浪费。建制镇污水主支管网、接户管网建设点多、线长、面广，乡镇生活污水管网被破坏现象时有发生，在管网运维管理方面，相关规章制度还需研究制定，压实地方政府责任。

问题 15：项目审批流程复杂。

污水处理设施建设审批手续流程中涉及发改委立项，生态环境局环评，自然资源局选址、土地报批等，住建局施工许可、招投标等，第三方地勘图审等，项目手续审批烦琐。

问题 16：安全管理工作有待加强。

多数建制镇污水处理厂安全生产意识薄弱，安全管理机构不健全或根本不存在，厂区工艺操作规范及警示警告标识不齐全，有毒有害场所未配备有效的安全防护器具。尤其是加氯间消毒方法采用二氧化氯消毒技术，需要配备防毒面具、漏氯报警仪。实际多数建制镇污水处理设施加氯间泄露防护措施不到位，存在较为严重的安全隐患。

建议：完善政策体系与管理机制，强化技术支撑。

结合建制镇污水治理的特点，出台细化方案，指导地方合理规划设施建设，切实加强后期运维。强化顶层设计，明确行业主管部门职能，构建职责分明的工作体系和运转高效的工作机制。县级住建部门应履行主体责任，市级层面属地监督责任，省级层面履行指导和监管责任。处理厂内部形成体系化的运行制度，对于处理厂的运行情况要有专门负责的人员，定期对处理厂情况进行报告总结，对于运行过程中发现的问题要及时提出并改善。研究制定建制镇生活污水管网维护管理办法，加强建制镇生活污水管网维护工作执法保障，大力宣传提升居民环保意识，做好管网维护工作，切实发挥污水处理设施效益。

住建部门应按照基础设施规划建设和运营的目标要求,统筹开展多层次、多渠道的知识化、专业化、法制化培训，着力改善管理队伍的政治素质和业务素质，造就一批能够适应事业发展的管理人才、技术人才和操作人才，全面提升建制镇管理的综合能力。根据建制镇特点，继续简化行政审批程序，减少地方政府负担，全面推进建制镇污水处理设施建设。建立完善的安全管理制度体系，并严格管理，强化培训，全面落实安全生产责任制，建立安全绩效考核制度，保障运维管理工作安全有序开展。

5.2.5.2 绩效管理

问题 17：绩效管理有待加强。

主要有以下方面问题：①合同纠纷问题。在建制镇生活污水治理工作初期，全国 PPP 项目总体上处于摸索阶段，合同条款设置不规范，风险分担机制不全面，导致部分采用 PPP 模式的项目在建设运营过程中，社会资本与政府产生纠纷，甚至解约。各地在处理此类问题上经验不足，少数地方纠纷不断，出现信访问题。部分地区由于种种原因，与原资本方协商解约，重新选择运营单位。②绩效管理不规范。部分地区绩效管理不明晰，并未建立严格考核制度。例如，湖北省要求各地要根据绩效考核结果付费，但各地在实际操作中还存在不规范行为：黄石市虽然制定了考核办法，但没有严格落实绩效评价工作，运营期绩效考核尚未开始；黄冈市部分县市区行业管理和项目管理不分，完全依托项目运营单位自行管理，存在管办一家，运营监管不分的问题；江陵县因 PPP 合同解除，日常运维采用临时委托，以实报实销的方式拨付运维费用。③建制镇人口不稳定，还可能出现负增长，导致部分建制镇污水厂设计规模偏大，水力负荷率难以达到考核标准。另有部分污水厂进水氮、磷浓度较高，经处理后得到有效削减，而考核指标仅通过水力负荷率判断污水厂是否达标，有失偏颇。④采用委托第三方运维模式的污水厂，由于管网建设未完善、设计规模偏大等原因导致其来水量不足以满足其基本运行，此基础上设定保底水量不利于市场化运行，同时增加了运维成本。

建议：实行在线监测，规范考核标准，落实绩效付费。

①在 PPP 模式中需明晰项目付费主体、付费来源、构建清晰的回报机制，在污水定价及调整机制等合同细节方面继续探索、完善、谈判及协商，保障该模式落地后稳健地运行实施，实现可持续发展。②实行在线监测。建议有条件的省市对污染治理设施运行情况进行远程监控，定期对第三方运维单位开展绩效考核工作，对台账实行电子化管理，可参考湖北省做法，根据具体情况，建立“省、市、县三级数据联通，相关部门实时共享”的乡镇生活污水治理信息管理平台，对全省所有乡镇生活污水治理项目实施在线监测，定期发布监测结果，提升建制镇污水处理科学化、信息化、智慧化水平。省级省住建厅负责省级乡镇生活污水治理信息管理平台建设管理；各市、州、县乡镇生活污水治理责任部门负责指导本级在线监测设施建设管理，并向省级平台提供实时在线监测信息；省生态环境厅负责对污水处理达标排放情况进行监督管理；在线监测采集数据量大，维护费用高，建议将平台维护费纳入固定以奖代补资金范围。③规范考核标准。各地要严格制定建制镇污水处理项目运营考核标准，根据在线监测及相关运营管理情况，将污水收集管网普及率、污水收集率、污水处理率、污水厂负荷率、出厂水质综合达标率、稳定运行率、污泥规范化处理处置率七大指标达标情况，作为运营绩效付费主要依据。七大指标为约束性指标，各地绩效评价中必须包含并作为重点考核内容。④落实绩效付费。各地应结合工作实际，合理制定付费标准，提前做好财政预算执行计划。⑤对于设计规模偏大的污水厂，在实际进水水量、水质偏低，但能正常运行，COD、BOD_5 等污染物去除率达到设计要求的情况

下，可适当放宽对水力负荷率的考核要求，结合 COD、BOD_5 等污染物负荷率与水质、水量等指标综合考核该污水厂运行情况；部分污水厂进水污染物比例失衡，比如 COD、BOD_5 浓度较低，但 N、P 浓度较高，对这类型的污水厂可通过核算 N、P 的污染物负荷率来综合评价污水厂运行的环境效益。⑥因为管网建设未完善、设计规模偏大等原因导致其来水量不足以满足其基本运行，可参考江苏省张集镇做法，短期内采用过渡运行模式，即政府考核时放宽或不设保底水量标准，仅要求第三方投入少量技术人员开展维修、养护工作，保证污水厂能正常运行。该方案仅支付人员工资、电费及药剂费等，不设保底水量，可节省运行成本（无利润），较为划算；同时，针对部分污水厂进水量不足的情况，及时投入人员保养，可以防止设备锈蚀、损坏。

5.2.5.3 污水处理收费机制

问题 18：污水处理收费机制不健全。

2020 年发改委印发的《关于完善长江经济带污水处理收费机制有关政策的指导意见》提出，加大污水处理费征收力度。长江经济带 11 省市所有建制镇均应具备污水处理能力，并按规定开征污水处理费。已建成污水处理设施，未开征污水处理费的县城和建制镇，原则上应于 2020 年底前开征。重点加强对自备水源用户管理，实行装表计量，确保污水处理费应收尽收。但是目前云南、江西等省份尚未建立规范和统一的污水处理定价机制；部分地区虽已建立污水收费制度，但由于制度不完善、群众不配合等问题，在实际执行上存在困难，且收费标准偏低大部分地区污水处理收费难以覆盖运营成本。

建议：完善污水处理收费制度。

以《关于完善长江经济带污水处理收费机制有关政策的指导意见》为指导，一是严格开展污水处理成本监审调查，健全污水处理费调整机制。部署长江经济带省份全面开展污水处理成本监审调查工作，按照长江水污染防治目标要求，根据成本监审调查情况，以补偿污水处理和运行成本为原则，在综合考虑地方财力、社会承受能力基础上，合理制定污水处理费标准，并健全污水处理费标准动态调整机制。二是推行差异化收费与付费机制。鼓励探索分类分档制定差别化收费标准，妥善处理污水处理收费标准调整与保障经济困难家庭基本生活的关系，促进排污企业污水预处理和污染物减排，并建立与处理水质、污染物削减量等服务内容挂钩的污水处理服务费奖惩机制。三是探索促进污水收集效率提升新方式。创新体制机制，鼓励各地结合推进厂网一体化污水处理运营模式，开展收费模式改革试点，吸引社会资本进入，加快补齐污水收集管网短板，提高污水收集管网运行效率。

5.2.5.4　投融资模式

问题 19：资金投入结构不尽合理。

现阶段建制镇污水处理设施的资金来源主要为中央政府和省政府两级投入，市场化机制尚未形成，资金投入普遍存在“重城轻镇”的问题，建制镇补助资金远低于城市投资占比，单独依靠政府的资金力量很难完成污水处理设施的建设。建制镇污水项目点多面广分散，建设规模小，运营成本高，投资回报率低，很多企业在合作时未考虑建制镇污水项目，PPP 模式推动困难，导致建制镇污水项目纯靠政府投资和政府债券，融资渠道少。地方企业进行的投资也只是针对极个别项目，没有形成连片效应。

建议：充分利用财政补助，丰富投融资模式。

现阶段建制镇污水设施建设领域，政府财政资金是项目建设最好的资金来源，应充分利用政府财政资金，避免资金浪费。目前虽有地方投资平台如水务公司等加入城镇污水处理设施建设工作，但仍是极少数项目，投资力度不够。在日后建制镇污水处理设施项目建设中，应建立新的针对建制镇基础设施建设的地方投融资平台，充分发挥地方投资平台的作用，配合中央和省级资金的投入确保项目建设稳定的资金来源。首先，要收好用好城镇建设维护税、公用事业附加及中央财政拨款和地方财政拨款等财政资金，构筑建制镇建设最具法定性、最为稳定的资金来源渠道。其次，建立建制镇基础设施投融资平台，拓宽建制镇基础设施建设资金渠道。各级政府要贯彻国务院及国家部委《关于鼓励和引导民间投资健康发展的若干意见》《关于进一步鼓励和引导民间资本进入市政公用事业领域的实施意见》等一系列方针政策，继续打破政府独家投资经营建制镇基础设施的传统观念，创新投融资机制。以建制镇建设财政性收入为基础，建立规范的市场化基础设施投融资平台，吸引各类资金投入基础设施建设与管理。要按照《中华人民共和国公司法》要求组建融资平台公司，通过建立完善的法人治理结构、投融资决策风险责任制等防控经营风险，确保平台公司稳健性、持续性经营，为基础设施建设构筑坚实长久的资金支持平台。

探索市场化运行机制。建立托管机制，根据国家制定的法规和标准，将已建好的污水处理设施以县为整体，通过承包的形式委托给专业的环保企业或者专业运营队伍，由他们负责统一管理运行处理。采取政府财政资金介入的办法，促使建制镇基础设施投融资市场化，一是地方政府要通过短期让利、经营补贴、税费减免等措施，促使基础设施项目投资建设及运营向市场化条件转化。推行 BOT、PPP 等融资模式，实施市场化运营。二是赋予建制镇污水基础设施产品合理的价格。会同省发改委等有关部门，研究建制镇污水产品收费机制和政府补贴机制，加快基础设施产品的市场化进程。对于人口规模不满足市场化需求、经济发展水平落后的建制镇，应针对自身的特点，走一条特色的市场化道路即区域市场化道路。地方政府可统筹周边几个建制镇一起完成基础设施建设，以打包建设的方式完成市场化运作。

附　录

附录1　长江经济带调研省份污水治理相关政策

省份	相关政策	类型	有（✓） 无（○）
云南	《云南省进一步提升城乡人居环境五年行动计划（2016—2020年）》	规划 设计 建设 管理	✓ ○ ✓ ○
	《云南省城镇污水处理提质增效三年行动实施方案(2019—2021年)》		
	《县域镇（乡）“一水两污”设施建设体系规划》		
贵州	《贵州省“十三五”城镇污水处理及再生水利用设施建设规划》	规划 设计 建设 管理	✓ ✓ ✓ ✓
	《贵州省城镇污水处理设施建设三年行动方案（2018—2020年）》		
	《关于加快推进全省建制镇生活污水处理设施建设的通知》		
	《贵州省2020年坚决打赢建制镇生活污水处理设施建设攻坚战工作要点》		
	《贵州省住房城乡建设厅等四部门关于整县推进乡镇生活污水处理设施及配套管网提升工程的通知》		
	《贵州省乡镇生活污水处理设施建设技术手册》		
	《贵州省污水治理行业PPP项目绩效评价操作指南》		
	《全省城市建设年度工作要点》		
四川	《关于做好年度全省建制镇污水设施建设运行管理的通知》	规划 设计 建设 管理	✓ ✓ ✓ ✓
	《四川省建制镇生活污水处理设施建设和运行管理技术导则（试行）》		
	《“十四五”期间阿坝州甘孜州凉山州城镇生活污水和城乡生活垃圾治理攻坚指导意见》		
	《加快推动新时期乡镇生活污水治理的实施意见》（编制中）		

续表

省份	相关政策	类型	有（✓） 无（○）
湖北	《湖北省人民政府关于全面推进乡镇生活污水治理工作的意见》	规划 设计 建设 管理	✓ ✓ ✓ ✓
	《湖北省乡镇生活污水治理工作指南》		
	《关于印发<湖北省乡镇生活污水治理 PPP 项目操作指引（试行）>的通知》		
	《湖北省人民政府办公厅关于加强乡镇生活污水处理设施运营维护管理工作的通知》		
	《湖北省乡镇生活污水治理工作验收暂行办法》		
	《湖北省乡镇生活污水治理以奖代补资金管理办法》		
	《关于印发<湖北省农村生活污水治理设施运行维护管理办法（试行）>的通知》		
江西	《江西省改善农村人居环境行动计划（2014—2020 年）》	规划 设计 建设 管理	✓ ○ ✓ ✓
	《江西省百强中心镇污水处理设施建设及工程运行实施方案》		
	《关于推进鄱阳湖沿线小城镇污水处理项目建设实施方案》		
	《关于进一步推进建制镇生活污水处理设施建设和运行管理的通知》		
	《关于加强建制镇生活污水处理设施运行管理的通知》		
江苏	《江苏省建制镇污水处理设施全覆盖规划（2011—2015）》	规划 设计 建设 管理	✓ ✓ ✓ ✓
	《江苏省城镇污水处理“十三五”规划》		
	《全省城市建设年度工作要点》		
	《江苏省城镇生活污水垃圾专项整治行动方案》		
	《江苏省城镇污水处理工作规范化评价标准（试行）》		
	《江苏省城镇污水处理厂运行管理考核标准》		
	《江苏省城镇污水处理定价成本监审办法》		
	《关于进一步加强全省乡镇生活污水处理设施建设和运行管理的指导意见》		
	《江苏省太湖地区城镇污水厂 DB32/1072 提标技术指引（2018 版）》		

附录2 长江经济带建制镇共性问题、表现形式或原因、建议

序号	共性问题	表现形式或原因	建议	类别
1	缺乏污水专项规划	缺乏污水治理的系统规划或规划不符合实际，实施困难	各级政府应制定切合本地实际及未来发展需要的污水处理设施建设规划，突出实施性和可操作性	完善制度
2	污水厂设计规模偏大	部分建制镇污水厂在设计中照搬城市污水处理定额标准或采用规划人口或户籍人口数据	取定恰当的用水定额及污水量；除经济发达、有工业园区规划或有旅游产业的建制镇人口采用规划人口外，其余建制镇采用镇区常住人口进行污水厂规模的计算	提高执行力
3	排放标准“一刀切”	目前尚未完成建设任务的地方，经济技术基础较薄弱，按照一级A甚至更为严格的标准来建设投资大，将来运行费用也高；对已建的项目，进水水质容易出现碳源不足的情况，需要投加碳源，增加运营成本	结合环保部门的意见，从经济条件、环境容量、技术水平、污水量等多维度进一步研究因地制宜确定排放标准，避免“贪大求高”	提升实施效果
4	工艺选择不合理	部分建制镇污水处理工艺种类繁多，运维管理难度大	除在“十一五”“十二五”期间不同部门如发改、环保等部门负责已建的现状污水厂外，建议新建污水厂以县（市、区）等为单位，采用相对集中的污水工艺，便于管理及设备配置	提升实施效果
		对于高寒高海拔地区建制镇，在工艺选取上未采用耐寒工艺，冬季易出现水池结冰、微生物生长培养困难，管道冻裂等问题	对于高寒高海拔地区，优先选择MBBR、BBR等耐寒工艺，活性污泥或生物膜的培养应在气温高的季节进行，污水处理设备及管阀应设置于室内或采取保温措施	提升实施效果
5	一体化设备缺乏统一标准和管理	一体化设备厂家众多，缺乏统一标准和有效管理，一体化设备参差不齐，设备性能未得到充分验证	构建一体化设备性能评价指标体系和标准化	完善制度
6	设施建设短板明显，区域设施治理水平分布不均	污水收集处理设施建设进度较慢，污泥处置能力不足、处置成本大、无法得到资源化利用；长江下游地区建制镇污水处理设施水平较高，中上游地区整体较为落后	按照统一规划布局、统一实施建设、统一组织运营、统一政府监管的“四统一”工作模式和“规划引导、城乡统筹、厂网并重、建管并举”的思路，加快污水设施建设，提高污水收集处理效率；落实接户支管的建设，提高污水管网建设质量，因地制宜对老旧管网雨污合流、错接漏接等问题进行改造；完善污泥处置设施，积极探索污泥处理的新方法	提升实施效果

续表

序号	共性问题	表现形式或原因	建议	类别
7	实际进水浓度偏低	大部分老城区污水管网仍采用雨污合流	因地制宜、逐步推进老旧城区雨污分流改造和截流式分流制改造，加强施工工地的排水管理	提升实施效果
		收集的生活污水主要是洗澡、洗衣、冲厕用水；部分低浓度工业废水进入污水厂	加大宣传力度增强公众节水意识，引导公众节约用水；工业废水与生活污水分开收集、分质处理，对于经评估不能接入城镇污水处理厂的工业废水限期退出，对于可生化性较好的农副食品加工工业等污水要尽量接入	提升实施效果
		部分区域因用地及施工条件限制等污水管道敷设在河里造成河水倒灌、管道乱接混接、施工质量参差不齐、老旧管道破损等	及时整改管道乱接混接问题，提高公众依法排水意识；加大截流泵站及截流系统的日常巡查、增加相应防渗漏措施；降低河道水体水位以露出排水口或者加装防倒灌装置；对于合流制地区，发挥低影响开发和“海绵”措施作用	提升实施效果
		长江流域建制镇多数地势低平，地下水位高，易造成地下水渗入	及时开展管网及检查井的修复工作，实施过程还需要特别关注管网排查检测与修复的质量，同时加强新建雨污水管网的建设质量管理	提升实施效果
		部分建制镇仍保留化粪池，对水质也产生一定影响	综合考虑管网堵塞与污染物降解的关系，没有建设污水处理厂的建制镇保留化粪池，合理确定化粪池的尺寸及停留时间；建设污水处理厂的建制镇因地制宜改造或逐步取消化粪池，但同时应注意污水检查井应设置沉泥井	提升实施效果
8	污水厂运行负荷整体偏低	设计规模偏大	新建项目因地制宜合理预测工程建设规模，已建项目合理扩大污水厂服务范围	提高执行力
		污水收集管网建设不完善	新建工程尽量采用厂网一体化同步实施政策，施工要保质保量；根据自身特点科学选择收集处理模式	提升实施效果
9	运维成本较高	电费在运维费用中占比较大	加大技术改造投入力度，从工艺和设备选择等各方面挖掘潜能，降低能耗和成本	提升实施效果
		针对电费的相关优惠政策少，补贴不足	各省出台相应的有关绿色发展电价的相关优惠政策，降低污水处理企业负担	完善制度
		由于部分建制镇设计规模偏大，选用的水泵、风机等设备电耗较高	优化调整水泵、风机等高能耗设备工况，降低电力、药剂等损耗	提升实施效果
		在线监测设备安装和后期运维成本较高	日处理规模 $500m^3$（含）以上的污水处理设施需参照《排污许可证申请与核发技术规范（试行）（J978—2018）》同步建设进出水在线监测设备，进水监测包括 COD、pH 值、流量 3 项指标，出水监	完善制度

续表

序号	共性问题	表现形式或原因	建议	类别
9	运维成本较高	在线监测设备安装和后期运维成本较高	测包括COD、氨氮、总氮、总磷、pH值、流量6项指标；日处理规模不大于500m^{3}的污水处理设施应同步建设流量计及运行状况监测设备。对于经济发展较为落后、短期内没有建设智能化、数字化监控平台计划的小规模建制镇，应适当放宽对在线监测的强制性要求，通过政府定期抽查等其措施达到水质监控的目的。在线监测设备可采用购买服务的方式，由政府委托厂家或其他第三方进行安装及维护	完善制度
10	职责分工不明确，缺乏有效监管	职责划分不清楚，工作体系尚未理顺	出台细化方案，明确行业主管部门职能，构建职责分明的工作体系和运转高效的工作机制	完善制度
11	专业人员配备不足	专业技术人员匮乏，“建得起用不起”“晒太阳”的现象时有发生	污水厂的运维模式可采用竞争性磋商的方式，打包委托招商引入一家专业的运营运维单位，运营单位应建立完善的运行维护管理体系；运维责任单位下辖项目配套污水管网分布广、管道线路长时，宜设置专人负责污水管网的运维	提升实施效果
			住建部门应统筹开展多层次、多渠道的知识化、专业化、法制化培训	提升实施效果
12	项目审批流程复杂	污水处理设施建设审批手续流程中涉及发改委立项、生态环境局环评、自然资源局选址、土地报批等，住建局施工许可、招投标等，第三方地勘图审等，项目手续审批烦琐	简化行政审批程序	完善制度
13	安全管理工作有待加强	污水厂安全生产意识薄弱，安全管理机构不健全或根本不存在，厂区工艺操作规范及警示警告标识不齐全，有毒有害场所未配备有效的安全防护器具	建立完善的安全管理制度体系，并严格管理，强化培训，全面落实安全生产责任制，建立安全绩效考核制度	完善制度
14	绩效管理有待加强	PPP项目社会资本与政府的合同纠纷问题	在投资回报机制、污水定价及调整机制等合同细节方面继续探索、完善、谈判及协商，保障该模式落地后稳健地运行实施	完善制度
		部分地区绩效管理不明晰，并未建立严格考核制度	实行在线监测，严格制定考核标准，落实绩效付费	完善制度
		对于污水厂运行指标考核仅采用水力负荷率	放宽对水力负荷率的考核要求，通过核算水力负荷率与污染物负荷率来综合考虑污水厂达标情况	完善制度

续表

序号	共性问题	表现形式或原因	建议	类别
14	绩效管理有待加强	采用委托第三方运维模式的污水厂，由于管网建设未完善、设计规模偏大等原因导致其来水量不足以满足其基本运行，此基础上设定保底水量不利于市场化运行，同时增加了运维成本	短期内可采用过渡运行模式，即政府考核时放宽或不设保底水量标准，仅要求第三方投入少量技术人员开展维修、养护工作，保证污水厂能正常运行，政府仅支付人员工资、电费及药剂等费用	提高执行力
15	污水处理收费机制不健全	部分省份尚未建立规范和统一的污水处理定价机制；部分地区虽已建立污水收费制度，但在实际执行上存在困难	严格开展污水处理成本监审调查，健全污水处理费调整机制；推行差异化收费与付费机制	完善制度
			探索促进污水收集效率提升新方式	提升实施效果
16	资金投入结构不尽合理	依靠政府的资金力量难以完成污水处理设施的建设	充分利用财政补助，避免资金浪费	提高执行力
		市场化机制尚未形成，地方平台投资力度不够	建立针对建制镇基础设施建设的地方投融资平台，拓宽建制镇基础设施建设资金渠道，探索市场化运行机制	提升实施效果

附录 3 长江流域建制镇污水收集处理调研案例集锦

曲山镇污水处理站

海口镇污水处理厂

姚渡镇污水处理厂

小中甸镇污水处理厂

应城市郎君污水厂

李渡镇污水处理厂（北厂）

上塘镇污水处理厂（一）

上塘镇污水处理厂（二）

均桥镇污水处理站

湖口县乡镇集镇污水运营中心

南京江宁区禄口街道铜山污水厂

徐州市铜山区张集污水处理厂

张家港市塘桥区污水处理厂

张家港市塘桥区污水处理厂尾水生态湿地系统